鲁渝 科技数据协同创新

赵 佳 等 著

中国农业科学技术出版社

图书在版编目（CIP）数据

鲁渝科技数据协同创新 / 赵佳等著． -- 北京：中
国农业科学技术出版社，2024.7. -- ISBN 978-7-5116
-6943-8

Ⅰ. G322.7

中国国家版本馆 CIP 数据核字第 2024B8H586 号

责任编辑　白姗姗
责任校对　李向荣
责任印制　姜义伟　王思文

出 版 者　中国农业科学技术出版社
　　　　　北京市中关村南大街 12 号　　邮编：100081
电　　话　（010）82106638（编辑室）　（010）82106624（发行部）
　　　　　（010）82109709（读者服务部）
网　　址　https://castp.caas.cn
经 销 者　各地新华书店
印 刷 者　北京建宏印刷有限公司
开　　本　170 mm×240 mm　　1/16
印　　张　7.75
字　　数　100 千字
版　　次　2024 年 7 月第 1 版　2024 年 7 月第 1 次印刷
定　　价　56.00 元

《鲁渝科技数据协同创新》
著 者 名 单

主　　著： 赵　佳

副 主 著： 樊阳阳　　齐康康

著　　者： 阮怀军　　周　蕊　　刘　慧　　王家敏
　　　　　　刘　柳　　虞　豹　　王　猛　　欧　毅

完成单位： 山东省农业科学院
　　　　　　重庆市农业科学院
　　　　　　山东财经大学
　　　　　　山东商业职业技术学院

前　言

　　开展东西部协作是以习近平同志为核心的党中央着眼推动区域协调发展、促进共同富裕作出的重大决策。为落实山东·重庆东西部协作工作部署，加强两省市科技协作，推动区域协调发展，全面推进乡村振兴，山东省科学技术厅、重庆市科学技术局联合设立鲁渝科技协作计划。

　　鲁渝科技协作按照"重庆所需、山东所能、优势互补、共商共享、共建共赢、互惠互利"的原则，围绕鲁渝科技协作重点任务，立足重庆重点产业发展需求，引导和支持两地高校、科研院所和企业开展协作，加强在技术引进及示范推广、平台建设、模式创新等方面的合作，将农业的发展方向推向生产智能化、经营网络化、管理智慧化、服务信息化，有效服务重庆乡村振兴战略的实施。

　　数字化是科技发展的关键制高点，随着农业产业发展和需求变化，以物联网技术为基础的数字农业发展日新月异，数字技术研发和应用需求迫切。《中华人民共和国乡村振兴促进法》《中华人民共和国国民经济和社会发展第十四个五年规划和2035年远景目标纲要》对加快发展智慧农业、推进数字乡村建设提出要求，《"十四五"

1

全国农业农村信息化发展规划》更是明确提出要发展智慧种植。

按照"产前科学规划，产中监测调控，产后追溯推广"的思路，建设鲁渝科技数据协同驱动创新服务平台，以数据服务为驱动，融入农业、农村发展进程中。聚焦重庆农业产业问题，开展目标明确的信息产品创新、技术创新和配套基础研究，面向不同需求建设智慧种植、农情监测、农产品质量安全、农产品市场监测等场景，系统引导信息服务、信息管理、信息感知与控制、信息分析等在山地农业的应用。从而，实现科技数据的协同驱动，推动现代信息技术与农业的深度融合，巩固提升脱贫成果和实现乡村振兴，促进鲁渝双向互通、共建共享、协同驱动的持续发展。

著　者

2024 年 6 月

目　录

第一章　鲁渝科技数据协同概述·· 1

　　第一节　科研基础 ································ 3

　　第二节　路径研究 ································ 4

第二章　鲁渝科技联合研发中心建设·· 11

　　第一节　联合研发中心 ····················· 13

　　第二节　制度体系 ························· 16

　　第三节　管理办法 ························· 18

第三章　鲁渝科技数据协同整体架构设计··· 23

　　第一节　平台概述 ························· 25

　　第二节　平台架构 ························· 26

　　第三节　技术特征 ························· 30

　　第四节　技术方法 ························· 33

第四章　基于多源信息数据共享的关键技术研究······························ 37

　　第一节　多源异构农业产业数据相关性建模 ··········· 39

　　第二节　多模态数据融合算法研究 ··············· 41

第三节　多模态数据语义分析 ···································· 46

第四节　个性化信息服务推荐 ···································· 47

第五章　基于知识图谱的海量科技数据仓构建·············· 51

第一节　技术分析 ··· 53

第二节　面向多元时间序列的特征分析 ···················· 54

第三节　多特征频域预测网络解析 ···························· 56

第四节　小样本场景多视图分类建模 ························· 61

第五节　数据仓多态超融合存储 ······························ 67

第六章　基于对抗神经网络的数据智能筛选·············· 69

第一节　技术分析 ··· 71

第二节　用户类型分类聚类 ····································· 72

第三节　实时信息智能处理 ····································· 73

第四节　数据精准配给推送 ····································· 74

第七章　鲁渝科技数据协同驱动创新服务平台研建·············· 77

第一节　平台首页 ··· 79

第二节　示范基地 ··· 80

第三节　技术成果 ··· 88

第八章　鲁渝科技数据协同应用·············· 97

第一节　可视化场景搭建 ·· 99

第二节　平台服务 ··· 103

第三节　应用成效 ··· 106

第四节　取得突破 ··· 107

参考文献·· 109

第一章
鲁渝科技数据协同概述

第一节　科研基础

一、具有较好的工作基础

较为熟悉重庆山地丘陵特色的农业发展情况，特别是自 2018 年以来，贯彻落实鲁渝协作部署，实地深入调研重庆多个县区，有针对性地开展了农业信息技术成果的示范应用。

二、具有良好的研究基础

山东省农业科学院与重庆市农业科学院、山东财经大学、山东商业职业技术学院等协作，开展智慧农业和数字农业关键技术联合攻关，通过系统化整理山东和重庆优势农业产业科技信息资源，研究多源、异构农业产业信息资源整合、共享的标准，实现多源、异构、海量的产业信息资源的聚类融合与分析，为优势产业科技信息服务和科技帮扶提供数据支撑。开展基于数据分析、机器学习等技术的生产精准调控、智能决策等模型和方法研究，特别是面向不同类型用户和优势产业发展需求，提供个性化、精准化信息服务。打造高效便捷的信息服务通道，将山东的成熟技术成果在重庆进行推广应用，实现了智慧化管理和鲁渝两地资源共建共享，提升了鲁渝双方的科技创新能力和水平。两省市领导多次听取汇报，并连续在鲁渝科技协作联席会议上推介研发应用成果，其科技成果转化成为鲁渝科技合作的典型案例。

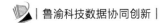
三、具有丰富的推广示范经验

高度重视成果转化和科技服务，着力推动农业科技产业发展，助推地方经济发展。针对重庆农业产业发展需求，先后在南川区、武隆区、石柱土家族自治县、江津区、大足区等地建立12个区域性研发机构，在全市建立了100余个科研试验示范基地，常年转化、推广各类作物新品种100余个、先进实用技术100余项，并积极开展相关技术培训与服务等工作。本着"互惠互利、共同发展"的原则，打造了双赢且可持续发展的战略合作伙伴关系，承办鲁渝商务扶贫协作、重要产品追溯等培训，在推进科技创新及成果转化、合力推进脱贫攻坚、联合开展人才培养、推进追溯体系及物流体系建设等方面开展了深层次的合作。同时，积极协调山东省发展和改革委员会、山东扶贫协作重庆干部管理组、山东省商业集团有限公司共同发起成立鲁渝扶贫产业联盟，积极推动鲁渝扶贫协作，促进两地合作共赢，成为政府与企业的沟通桥梁和帮扶产业协同平台。

第二节 路径研究

一、研究目标

面向农业信息服务需求，山东、重庆两地联合组建技术研发团队，以鲁渝农业主导产业协作和信息帮扶发展需求为导向，开展联合技术攻关。采用鲁渝科技数据的驱动关联技术，统一集成构建海量科技数据仓，解决鲁渝科技信息数据不对称、成果转化应用效率不高等问题。通过与重庆农业先进适用技术成果、农业专家在线服务培训、可视化应用场景等建立深度关联，创新科技数据协同服务机制与模式，打造鲁渝协作创新样板，更好地满足重庆发展需要。

二、总体方案

面向鲁渝科技数字协同创新发展需求，组建联合研发中心，配备联合研发中心科研与服务场地，设置数据协同、数据精细、数据开放、数据服务四大功能。以云计算技术架构和开放应用体系为支撑，集成基于前端数据迁移镜像调度集成、专业化应用技术后台集成、服务整合优化等关键技术，构建多通道、多领域、多主体、多模式的鲁渝科技数据协同创新服务平台。探索专业化、市场化、规范化的运营模式及体制机制，为鲁渝科技协同创新提供技术支撑和示范样板。

三、具体实施

（一）组建联合研发中心

联合研发中心拟建于重庆市农业科学院实验大楼。立足现有基础，配备 315 m² 联合研发中心科研与服务场地，优化"1+2+1"的功能布局，重点打造"1 个数据展示中心、2 个联合研发实验室（科技数据处理技术实验室、基地场景数字化技术实验室）、1 个技术成果推介平台"，如图 1-1 所示。

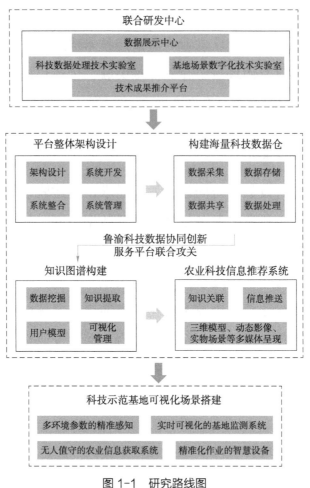

图 1-1　研究路线图

（二）鲁渝科技数据协同驱动创新服务平台联合攻关

1.平台整体架构设计

研究"1+N"数据驱动创新模式与"云"技术应用模型，设计实现多平台信息共享的底层数据架构，进行系统整合、系统管理、资源管理、计量监控等的应用分析，集成各项研究成果，整合建设云服务平台。建设基础运行环境，为平台运行提供可靠、稳定、安全的基础硬件和软件支撑，实现对农业全过程、全系统、全要素的数据驱动。

2. 多源信息数据共享关键技术研究

研究以机器学习和深度学习为基础的知识抽取、知识推理等方法，进行非结构化或半结构化清洗、消歧、实体链接，挖掘更深层次的数据关系，从海量数据中快速准确获取有重要参考价值的信息。解决鲁渝科技数据资源海量分散、异构多源、传统方法难以实现孤立分散、结构多样、碎片数据的精准获取问题，提高计算效率以及准确性。

3. 构建海量科技数据仓

通过人工采集、年鉴数据迁移、表格数据导入、移动互联网设备等多种方式进行数据采集，利用海量数据的多态超融合存储技术，形成鲁渝科技数据仓。分析科技数据的来源、类型和质量，使用基于自表示的多视图子空间聚类方法进行聚类，采用细粒度机制自动学习相应视图的权值，减弱缺失受损数据对聚类结果的影响，为数据搜索、专家问答、推送服务提供支撑。

4. 科技数据的智能筛选

建立支持向量机的鲁渝科技成果聚类模型和用户分类库，将用户新的行为模式及兴趣作为生成辨别模型，研究利用对抗神经网络生成符合用户预期的智能个性化推送结果，借助商业 BI 工具实现多源异构数据的智能管理，实现重庆科技成果群体知识发现与关联的智能匹配。

5. 科技成果的协同共享

开展多元数据整合、多通道信息发布、多种终端交互融合等方面研究，设计跨地区、跨平台的综合演示方案。运用三维模型、动态影像、实时数据、实物场景等现代手段，实现多分辨率多媒体呈现。通过建立专家数据库，实现技术专家在线解决农业生产问题，延伸鲁渝科技成果共享链条。

（三）科技示范基地可视化场景搭建

选择重庆渝北区大盛镇青龙村、铜梁区巴川街道玉皇村及武隆区高山蔬菜产业园区、渝北国家农业科技园区等10～12个乡村或园区，布设气象信息、空气温湿度、土壤温湿度等环境参数的精准感知节点、远程视频监控等信息化设备，建立科技示范基地的可视化场景，建立无人值守的农业生产与服务信息自动、连续和高效获取系统，实现科技示范基地实时可视化监测以及精准化作业。以上述科技示范基地为主，辐射鲁渝协作14个贫困县区，组织农业生产、智慧农业和"三区"人才服务等技术培训，推动科技化、智能化、信息化，实现科技数据协同创新的深化应用。

（四）探索鲁渝协作的新模式新机制

用云计算、云存储的虚拟化技术，采用开放式体系架构，结合现代通信技术，把鲁渝农业农村科技信息和成果资源统一接入和管理起来，包括科技成果、协同服务、云上基地等功能模块，实现多种专业化技术成果的数据上移，构建多通道、多领域、多模式的云服务平台，推动数据赋能现代农业发展。优化远程视频、手机App、微信、抖音等服务功能，搭建起科技与产业沟通和互动媒介，推进"技术突破—产品制造—市场模式—产业发展"全链条全方位的一条龙服务，面向产业提供技术咨询、面向农村提供综合管理、面向农民提供科学培训，实现科技数据协同创新的深化应用，如图1-2所示。

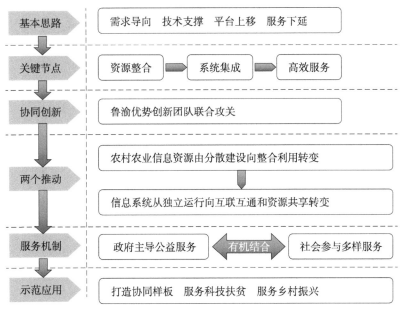

图 1-2 鲁渝协作新机制

第二章
鲁渝科技联合研发中心建设

第一节　联合研发中心

一、场地规模

立足现有基础，科学确定场地规模、功能布局，在重庆市农业科学院实验大楼建设了 315 m² 联合研发中心。其中，建设 100 m² 数据展示中心 1 个，联合研发专类实验室 2 个共 135 m²，80 m² 技术成果推介平台 1 个。同时，完善山东省农业科学院现有农业信息工程实验室、演示大厅、远程视频多媒体室等条件平台，作为研发中心远程实时提供技术支撑。

二、功能布局

联合研发中心将面向鲁渝科技数字协同创新发展需求，设置数据协同、数据精细、数据开放、数据服务四大功能，推动现代信息技术与农业的深度融合，提升鲁渝科技数字农业发展水平。优化"1+2+1"的功能布局，重点打造"1 个数据展示中心、2 个联合研发实验室（基地场景数字化技术实验室、科技数据处理技术实验室）、1 个技术成果推介平台"。

1. 数据展示中心（100 m²）

建设了全高清液晶大屏幕、中控台和会商展示系统等设施设备。接入数据处理与服务中心和示范试点基地网络系统，布局鲁渝科技数据协同创新服务平台等系统平台，作为联合研发中心对外宣传和科普教育的展示中心显示终端，同时也承担鲁渝科技示范基地科研生产指挥调度中心，如图 2-1 所示。

图 2-1　数据展示中心

2.基地场景数字化技术实验室（60 m²）

面向鲁渝科技示范基地，以连接和感知为基础，利用算法和算力等基础资源，基于人工智能、大数据、计算机仿真和物联网感知等新型信息化技术，开展鲁渝科技示范基地场景数字化和可视化研究，探索以"实景＋虚拟"的形式服务于示范基地农业生产、科研、教学等领域的新途径，如图 2-2 所示。

图 2-2　基地场景数字化技术实验室

3. 科技数据处理技术实验室（75 m²）

重点开发农业数据资源优化整合技术，研究数据资源整合标准、统一标识和规范协议等，研制鲁渝科技基础数据采集规范，开展鲁渝科技多源异构数据清洗与处理、建库与更新、数据共享平台建设等工作，如图 2-3 所示。

图 2-3　科技数据处理技术实验室

4. 技术成果推介平台（80 m²）

创新农业遥感技术、物联网技术和云平台服务技术，研制科技成果传播与推广产品，研究便捷、快速和可视化传播推介新途径，释放与展现鲁渝科技大数据和专家支撑重庆乡村振兴和科技协作的现实价值，如图 2-4 所示。

图 2-4　技术成果推介平台

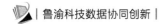

三、设施设备

充分利用现有各类先进的试验仪器和测试设备，如人工智能机器人研发平台、自动机械臂机器人开发平台、无人植保机研发平台、无人机遥感平台、田间自动驾驶装备研发平台、地理信息系统开发平台、机器视觉皮带传送实验开发平台、工业线阵相机、磁盘存储阵列、UPS 不间断电源、网络服务器、交换路由设备、多媒体声像拍摄制作设备平台等，缩短了研发中心建设周期，提高了项目研发的效率。

后期联合研发中心将继续充实购置各类先进的数字农业相关实验仪器和设备，研发一批过程精细化管理和精准控制系统、专用传感器和智能终端等关键技术装备，推广示范一批具有农业数字相关技术成果产品，保障中心运行。

第二节　制度体系

一、人才队伍

联合研发中心以山东省农业科学院智慧农业和大数据团队、重庆市农业科学院农业信息团队、山东财经大学计算机学院团队、山东商业职业技术学院智能制造信息服务团队科研开发人员为基础，组建技术研发团队，涵盖农业生产、软件平台开发、农业遥感、农业工程、农业物联网等领域。根据联合研发中心发展方向进行合理分工，优化组建研究开发、成果推广和运行管理团队。

此外，联合研发中心以创新引智、合作研究等多种方式吸引优秀人才。设立专家咨询委员会，柔性引进国内外农业生产、智慧农业等领域知名专家，服务于中心平台建设和人才培养。广泛联合国家级科研团队和高新技术企业，实现优势互补、强强联合。

二、制度建设

联合研发中心实行鲁渝数字农业首席专家负责制和任期目标责任制，参照国家有关的科研人员人事改革政策和学科团队管理办法，结合行业和自身特点，在研发经费、激励机制和创新环境等方面进一步完善中心规章制度和考核办法。激发创新活力，逐步形成运转实体，具备研究、开发、技术服务一体化运作的能力。建立符合行业和自身特点的、能够可持续发展的运行机制，实现技术、人才和经济效益的良性循环。

一是制定《联合研发中心内部运行管理办法》，明确其职能划分、运行机制及人才引进机制。二是建立《联合研发中心考核制度》，形成良好的激励机制，激发创新活力。三是制定《联合研发中心研发投入管理办法》，建立健全责任制，明确各责任主体，保证研发资金的合理使用和管理的规范化，提高研发效率。

三、长效机制

发挥联合研发中心载体作用，强化鲁渝两地在研发平台建设、核心技术攻关、科技成果转化、优质资源共享共用、人才交流合作5个方面的长效开放合作机制。一是面向重庆乡村振兴和科技扶贫实际需求，强化山东省农业科学院、重庆市农业科学院、山东财经大学、山东商业职业技术学院等协作，共同研建鲁渝科技数据协同创新服务平台和搭建鲁渝科技示范基地应用场景。二是围绕山地智慧农业和农业科技知识服务关键核心技术进行联合攻关，积极联合申报鲁渝及国内农业信息化、科技服务相关领域的项目，创造条件设立对外开放研究课题，建立项目合作长效机制。三是联合培育一批应用成熟、市场需求大的技术，共同申报发明专利、计算机软件著作权等，依托鲁渝双方专业孵化平台，加强推动科技成果转化。四是推动鲁渝两地科技专家、科研基础设施和大型科学仪器、科技文献、专业技术服务平台等科技资源互用共享。五是加强鲁渝科技人员合作交流，采用选派科研人员到合作科研平台工作和共同培养科技人员等方式建立人才交流合作和能力提升机制。

第三节　管理办法

鲁渝科技联合研发中心内部运行管理办法

第一条　鲁渝科技联合研发中心（以下简称"中心"）是重庆市农业科学院与山东省农业科学院共建的鲁渝科技研发平台。为规范研发中心的各项管理工作，保障中心科研工作能够科学、高效、合理、有序地运行，特制定本办法。

第二条　中心遵循"重庆所需、山东所能"的建设原则，坚持"动态、开放、融合、多元、持续"的运作机制，充分发挥鲁渝两地协同创新机制的作用，面向鲁渝科技扶贫协作需求，开展智慧农业和数字农业关键技术联合攻关，实现协同创新各方"无缝对接"，优势互补，资源共享，互惠互利，协同发展，形成鲁渝科技协同创新的特色平台和人才交流的重要基地。

第三条　中心紧抓智慧农业和数字乡村发展机遇，以鲁渝科技扶贫为切入点，瞄准农村信息化、农产品网上交易、农产品质量安全、溯源和供应链管理等领域，发挥中心载体作用，强化鲁渝两地在研发平台建设、核心技术攻关、科技成果转化、优质资源共享共用、人才交流合作 5 个方面的长效开放合作机制。

第四条　中心遵循"任务牵引、目标管理"的原则，在重庆市农业科学院的制度框架下实行绩效考核制、项目团队负责制，体现用人多元化、考核团队化、政策特区化的特点，进行相对独立的自主管理。

第五条　为保证各项工作顺利开展，中心联合各协同单位成立中心管理委员会。由重庆方选派人员担任委员会主任，委员会成员由协同单位的负责人组成，每届任期 3 年。

第六条　中心管理委员会是基地相关工作的管理和协调机构，主要职责为：

1. 负责研究制定中心发展的有关政策、发展规划等基地建设的重大事项；

2. 对较大型学术活动提出建议，推动与促进中心与国内外进行学术交流及科技合作；

3. 全面负责组织协调、资源调配、人才引进、团队建设等工作，确保中心有效发展，中心保证相对独立的运行体制；

4. 负责组织、选派专家参与中心工作，并做好日常管理与服务工作；

5. 加强中心信息交流和舆论宣传工作，推动鲁渝两地科技协同创新健康发展；

6. 负责中心经费使用情况的监督；

7. 建立长效机制体系，发挥中心的重要作用。

第七条 中心根据年度工作计划，协调各协同单位积极组织专家参与鲁渝两地科研项目和专家服务工作，定期到重庆农村进行技术指导。

第八条 中心鼓励协同单位积极策划科技研发项目，开展专家服务活动，签订产学研合作协议，推动科技项目落地实施和科技成果转化。

第九条 中心协调各协同单位按照要求，保障专家科研与服务期间的工作与生活条件，确保各项工作正常开展。

第十条 中心支持各协同单位通过中心平台，对专家在农业发展、农村建设、农民增收、扶智扶贫、乡村振兴等方面取得的突出成果进行宣传报道，增强示范效果。

第十一条 中心经费使用按照国家相关经费管理办法，规范资金的开支范围和标准，提高资金使用效益。

第十二条 依据中心任务，支持各协同单位联合申报鲁渝两地科技项目，分解目标任务。

第十三条 项目的执行由相关协同单位承担，并实行项目负责制。

第十四条 中心为每个项目提供相应的配套服务。项目成果所有权归中心协同单位所有。

第十五条　引进农业电子商务、农业信息化及农业产权管理、农产品溯源与供应链管理等高水平学术带头人，创新人才选聘机制，聚集一批具有解决重大区域经济发展问题能力和水平的优秀学术带头人。

第十六条　建设一支学历结构、年龄结构、职称结构等较为合理的学术团队，将理论和实践相结合，有效完成科学理论向社会实践的转化，大幅度提升中心科研专业水平，有效服务区域经济发展。

第十七条　创新人才培养机制，提高人才培养数量与质量，通过任务驱动，培养具有创新精神的综合应用型人才。

第十八条　加强中心的目标管理和绩效评价，建立年度检查、中期检查和绩效评价等制度。

第十九条　建设期满，管理委员会对中心进行绩效考核自查。配合重庆市科学技术局组织专家对中心进行绩效评价。

第二十条　本办法由中心管理委员会负责解释，自颁布之日起执行。

第三章
鲁渝科技数据协同整体架构设计

第一节　平台概述

一、数据调研

近年来，我国农业信息化建设发展迅速，全国各地围绕农业生产过程信息化，农业宏观监测，管理、预警与决策信息化，农村信息服务等方面开展了一系列农村信息化的相关研究，农业信息资源总量不断丰富，重庆也建立了不同形式的数据资源库。建立起涵盖农业生产各个领域的农业实用技术数据库，包括农作物、蔬菜、果树、畜牧、水产、植保、土肥等，数据库描述了品种、栽培管理、病虫害防治、加工储藏等农业技术。同时，组织农业专家开发了一批智能决策专家系统，代替专家走向地头，进入农家，具体指导农民科学种田。

由于各产业生产过程信息种类多、信息量大，但是在信息采集及处理过程中仍存在数据较难统一的问题。根据需求，对云服务平台的功能模型、数据模型、体系结构模型和应用系统模型等进行全面系统的规划设计，利用语义技术开展异构平台间数据存储及交互格式、资源整合和数据管理机制等研究，主要对文本、图片、音视频等非结构化信息整合，形成非结构化农业信息资源的共享管理机制，实现各系统信息资源的管理、交换和业务协同，实现各平台系统间的数据转换、传输和共享。

二、平台内容

鲁渝科技数据协同驱动创新服务平台是针对鲁渝科技协作项目

在近几年的实施情况，利用网页开发、大数据、云计算等技术，融合"1+N"数据驱动创新模式与"云"技术应用模型，实现了多平台信息共享的综合平台。鲁渝科技数据协同驱动创新服务平台包含项目情况、示范基地、技术成果的信息数据展示，其中涉及 GIS 服务、在线留言及视频连线、信息展示（文字、图片、视频）及数据统计、IoT 硬件设备数据的展示。用户可借助智能手机、平板电脑、电脑等终端设备，查看了解相关项目的最新数据、视频监控、智能分析和远程控制，实现对农业全过程、全系统、全要素的数据监控。

第二节　平台架构

一、架构设计

利用两地共享的数据资源，研究其在时间维度上的各类数据活跃度特性，搭建具有高动态性的多源、异构农业产业数据智能架构。如图 3-1 所示，基于数据的感（感知）、传（传输）和用（应用）流程，平台系统架构由感知层、传输层和应用层组成。感知层负责项目数据及生产过程数据的存储；传输层通过云计算、数据挖掘等智能处理技术，实现信息技术与农业生产应用融合；应用层面向用户，根据用户的不同需求搭载不同的内容。因此，采用一个合理的架构将各个模块进行解耦，实现前后端的分离，提高开发效率的同时也能体现软件结构体系的科学性。

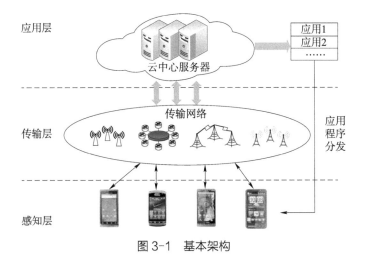

图 3-1　基本架构

1. 感知层

感知层是数据共享与分析网络中数据获取的基本层和核心层。鲁渝两地共享数据包括农业用户请求查询时所处的地域情况、生活状态、历史种植以及用户兴趣等信息，数据存储和处理可使用云—端融合的方式，根据需求在本地或服务器端完成数据存储和计算任务。

2. 传输层

传输层主要负责把下层（感知层）感知的数据传送到云中心服务器中。数据共享与分析网络通过已部署的网络设施进行数据传输。由于用户数量可能日渐庞大，且用户的设备具有多样性，所能连接的网络各不相同。因此，传输层包含的网络众多。

3. 应用层

大量的感知数据通过传输层中的各种网络传送到云中心服务器中，云中心服务器对这些感知数据进行存储和处理，以实现各种应用任务。在数据共享与分析网络中，由于数据存在不精确、不完整、不一致和不及时的问题。同时，用户使用的数据获取设备的多样性以及获取方式的随意性使多模态数据的质量参差不齐。因此，需要使用跨媒体数据特征等自然属性、社会属性及其上下文关系，并将其与协同过滤算法相结合，使用欧几里得距离计算用户数据之间的相似度。

4. 增加层级

在传统的三层架构（即数据访问层、业务逻辑层和界面层）基础上增加了 IoT 设备数据同步层、实时音视频 RTC 层、GIS 数据服务层。系统后台架构主要可分为内容管理服务层、用户鉴权层、地理数据层、IoT 设备数据同步层、RTC 音视频层、数据分析处理层。

内容管理服务层：分角色管理不同类型的内容，平台管理员关联管理项目、专家、农技资料，项目管理员角色管理自己项目的基本信息、示范基地、图片、动态，专家维护自己的基本信息。

用户鉴权层：整个系统采用的微服务架构，鉴权使用 Token+JWT 方案；用户在登录的时候生成 Token（包含用户的基础信息：id、username、role）；把 Token 放在 HTTP 请求头中，发起相关的API 调用；被调用的微服务验证 Token 的权限。

地理数据层：GIS 数据服务层使用 GeoServer 为前端 GIS 展示提供地理数据、空间数据及各种矢量数据。

IoT 设备数据同步层：IoT 设备数据同步层根据设备厂商提供的数据接口协议同步数据，实现了 ModBus、MQTT、Http 及厂商定制的 TCP 协议的数据通信协议。

RTC 音视频层：实时音视频 RTC 层实现了 WebRTC 协议，只需要通过最新版本的浏览器就能实现实时音视频及桌面共享。

数据分析处理层：用户录入的数据、IoT 设备同步的数据分析出前端展示所需的数据结果集及汇总数据。

二、模块设计

平台模式的具体名称及其功能如表 3-1 所示。

表 3-1　平台模块表

导航	模块名称	功能简述
项目情况	项目概况	项目总数；重点项目、普通项目的占比，图例展示；项目领取的占比，图例展示；相关数据汇总：项目成功示范基地，专家、物联网基地数量，监测设备采集的数据总量
	项目列表	分全部项目、重点项目列表方式展示项目；自动滚动展示的项目，并与地图联动显示项目的相关基地
	地图展示基地	在地图上标注示范基地，并与项目列表产生联动；示范基地标记点鼠标联动展示项目的基础信息
	项目详情	项目相关的详细数据，按项目类别、项目领域、联系专家、示范基地、主要成效、图片、项目动态、效益情况及市场前景、推广所需自然技术条件来分模块展示
	科技动态	推荐到首页的科技动态列表，自动滚动展示；科技动态列表
示范基地	地图汇总展示	在地图上标记示范基地的位置，标记点击后进入相应的基地信息展示；汇总数据展示：示范基地总数，物联网基地总数，监测设备采集的数据总量
	二维模式	在地图上展示无人机拍摄的基地的正射图；标记物联网设备的位置及展示设备采集的数据；此基地的科技动态列表滚动展示；物联网设备的数据汇总图例展示
	三维模式	在地图上展示无人机倾斜摄影采集的基地三维模型；标记物联网设备的位置及展示设备采集的数据；此基地的科技动态列表滚动展示；物联网设备的数据汇总图例展示
	VR 模式	展示 VR 相机拍摄的 360° 图；在图上标记其他拍摄场景的图，并可交互进入其他场景图；在途中标记物联网设备，点击标记后展示物联网设备数据

（续表）

导航	模块名称	功能简述
技术成果	农技资料	按文件、视频分类采用不同的形式展示农技资料；可通过标签筛选
	农技专家	展示专家列表及按标签筛选；专家详情页展示专家基本信息、给专家留言资讯，在线实时音视频资讯

第三节 技术特征

一、设计原则

（一）开放性

在鲁渝科技数据协同驱动创新服务平台建设体系研究中，充分借鉴和吸纳相关资源领域的标准体系和标准资源，避免标准规划和制定中人力、财力的重复浪费，将工作急需或起基础指导作用的事项快速纳入标准规范的研究部署中。

（二）协调性

强调鲁渝科技数据协同驱动创新服务平台标准体系内标准与体系外标准以及体系内标准之间的相互协调和相互支撑，梳理了与山东方的研发平台科技标准，避免标准对象的重复和标准内容的重复、交叉与矛盾。

（三）需求导向性

充分尊重和吸纳鲁渝科技项目的用户与科技资源相关领域专家的意见和需求，梳理科技平台各项业务和科技资源管理的标准化需求，建立标准体系与标准化工作体系之间的对应关系，提高标准化对业务工作的支撑，有助于标准体系的实施和落实。

二、性能设计

通过配备高性能 Web 服务器、应用服务器、数据服务器等专用服务器设备和硬件防火墙、入侵检测设备，搭配高速稳定的网络传输条件，确保系统运行和访问正常。设计时主要考虑以下性能指标。

1. 稳定性

平均无故障时间可高达 10 000 h（即一年之内基本只会出现一次左右的服务器故障，机房正常维护或自然条件引起的服务器故障除外）。

2. 并发处理能力

可处理 10 万级别的并发访问，日处理访问量在 5 000 万量级，可通过增加 Web 应用服务器数量，使处理能力翻倍提升。

3. 响应速度

采用多层缓存机制，针对网通与电信用户进行双网双线访问策略控制，使网页平均响应时间控制在 3 s 之内。

4. SEO 优化

所有页面均采用 DIV+CSS 进行设计优化，严格按 SEO 标准进行关键字、内容、图片、链接、页面描述、页面标题、内容标题等重要项的优化设置。

三、网络拓扑结构

网络拓扑结构是指用传输媒体互连各种设备的物理布局，即用哪种方式把网络中的计算机等设备连接起来。拓扑图给出了网络服务器、工作站的网络配置和相互间的连接，结构主要有星形结构、环形结构、总线结构、分布式结构、树形结构、网状结构、蜂窝状结构等，如图 3-2 所示。

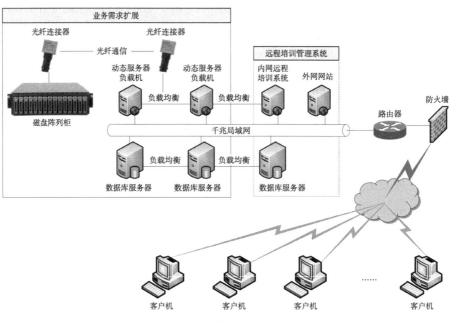

图 3-2　网络拓扑结构

第四节　技术方法

一、数据库设计

鲁渝科技数据协同驱动创新服务平台数据库设计如图 3-3 所示。

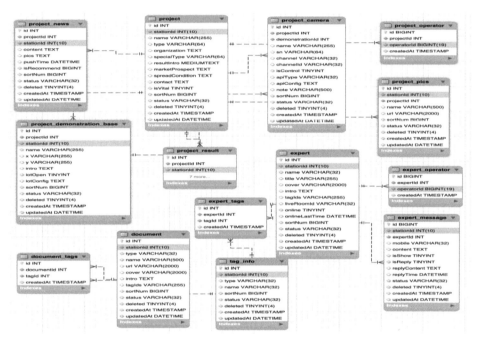

图 3-3　鲁渝科技数据协同驱动创新服务平台数据库设计

二、物理设计

鲁渝科技数据协同驱动创新服务平台物理设计如表 3-2 所示。

表 3-2　鲁渝科技数据协同驱动创新服务平台物理设计

表名	功能说明
project	项目信息
project_news	项目动态
project_result	项目成果
project_demonstration_base	项目示范基地
project_pics	项目的图片
project_camera	项目的摄像头
project_operator	项目的管理员
station_operator	管理员
expert	专家信息
expert_tags	专家的标签
expert_message	专家留言
expert_operator	专家管理员
tag_info	标签信息
document	资料
document_tags	资料的标签

三、界面设计

在界面设计方面遵循易用性原则、规范性原则、帮助设施原则以及美观与协调性原则。

易用性原则：采用的按钮图标直观清晰，区分度高，菜单名称用词准确、表达清晰。多按钮使用展开方式，防止不同功能按钮之间相互影响。大多数情况下，用户能够不参照用户手册就能了解界面功能并进行正确的相关操作。

规范性原则：界面包含菜单栏、导航栏、操作区等部分，具有包含关系的菜单进行分级展示，导航栏可实时查看登录状态，操作区界面充足、操作流畅。

帮助设施原则：提供了详尽而可靠的帮助文档，在用户使用产生迷惑时可以很容易从帮助文档中寻求解决方法，帮助文档中的性能介绍与说明要与系统的实际操作完全一致。

美观与协调性原则：界面分布合理，色彩搭配赏心悦目。系统界面采用 CSS3 和 Html5 编写，简洁大方。首先，菜单栏可进行隐藏，扩大操作界面；其次，操作界面整体以地图为主体，相应的交互式输入输出均以弹出框的形式展现，交互功能多样而又不影响用户对地图的查看与操作。

第四章

基于多源信息数据共享的关键技术研究

第一节　多源异构农业产业数据相关性建模

鲁渝两地共享的农业产业数据是异构、不连续的，并且没有统一的结构。这些数据所包含的多模态信息之间具有错综复杂的语义联系，对用户进行搜索目的分析与行为意图学习，可以利用不同角度来了解用户在平台上的各种行为特征，需要结合多属性、多形式的特征，在语义层面上对系统中的大量数据进行深度学习，从多角度挖掘出用户意图模式和意图特征。

由于系统采集的信息以时间维度中文本数据为主，采用多模态递归深度学习的方法，利用 Word2Vec 等方法提取文本语句的嵌入式表示，构造多层非线性层叠式神经网络，如图 4-1 所示。

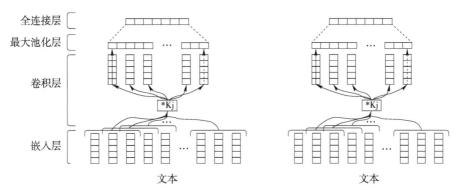

图 4-1　多层非线性层叠式神经网络

公式（1）多层神经网络的代价函数表示为：

$$J = w_0 + \sum_{i=1}^{|\hat{z}|} w_i \hat{z}_i + \sum_{i=1}^{|\hat{z}|} \sum_{j=i+1}^{|\hat{z}|} \langle \hat{v}_i, \hat{v}_i \rangle \hat{z}_i, \hat{z}_j \tag{1}$$

采用多个并行的多层非线性递归神经网络生成用户偏好、行为特性、社交特性之间的关系模型，并利用不同权重大小体现对于跨模态信息的语义表示的贡献程度，实现跨媒体信息的深度语义学习与分析。由于不同模态的跨模态数据采用不同维度和不同属性的底层特征表达，使得不同模态之间无法直接度量相关性，另外，困扰多模态数据间特征分析的问题是异构数据之间的语义鸿沟。对于这一问题，采用共享子空间学习方法，获得多个模态之间共享的潜在子空间，用以获取不同模态之间的互补信息。

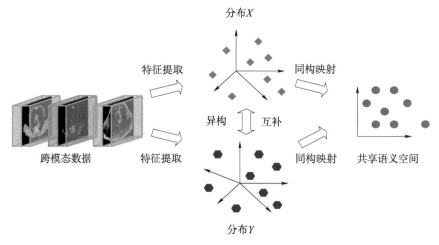

图 4-2　跨模态共享子空间学习

如图 4-2 可以看出，共享子空间学习方法更具跨模态数据的相关性，将不同结构的数据映射投影到共享子空间，使不同模态的异构描述在这一共享子空间内相互耦合，从而消除了不同模态数据之间的特征异构性，挖掘不同模态数据之间的关联结构。

采用基于特征分解的多输出正则投影的共享子空间学习法，多输出正则投影（MORFP）算法利用矩阵特征分解将各种模态的特征向量映射到共享子空间。假设 X，Y 分别为两个不同模态对应的数据矩阵，MORFP 算法引入一个潜在变量模型，使各模态的重建误差最小化，并进行矩阵特征分解，由此得到不同模态之间的共享子空间，公式（2）优化模型如下所示：

$$\min(1-\beta)\| x^T - UA \|_p^2 + \beta \| Y^T - UB \|_p^2 \qquad （2）$$

$$\text{s.t}\quad U^T U = I$$

其中，$U \in R^{d_x \times p}(d_x = d_y)$ 为映射矩阵，p 为共享基向量的数量，正交约束 $U^T U = I$ 的目的是保持共享基向量间的独立性。$A \in R^{p \times n}$ 和 $B \in R^{p \times n}$ 中的列向量为 X 和 Y 中的样本在共享子空间的坐标。

第二节　多模态数据融合算法研究

获得与农业产业信息相关的文本、声音、图像、视频等多模态数据后，仍然有很多问题需要解决，主要体现在以下几个方面：原始数据中通常包含噪声和冗余信息，研究如何减轻噪声对数据融合结果的影响具有重要的研究意义。现实农业产业信息中大量的数据是以高维的形式存在的，而处理高维数据时，计算量会随数据维度的增加呈现指数级增长，出现维度灾难问题。此外，对高维数据而言，冗余信息和噪声信息都会影响聚类的结构，这使传统的距离度量效果不明显。例如，原始数据中会有部分模态存在缺失数据的情况，如何将多种视图中的数据融合在一起，减轻数据不完整对融合结果造成的影响；原始数据中可能存在某些数据在部分视图中受到损坏的情况，如何在融合过程中减轻这些数据对聚类结果的影响。

在多模态数据相关性建模的基础上，如何将共享子空间中的多模态数据进行有效融合是研究重点。进行多模态数据有效性的检测，构建感知辨识模型，在数据冗余、质量良莠不齐情况下实现优质数据选择和收集。将在线提交网络数据与后台数据智能处理相结合，基于对用户请求查询时所处的相关信息，采用语义网、图论等理论和方法建立具有高动态性的多模态数据智能决策分析模型，并研究数据优选方法，提高共享数据质量，提出如图 4-3 所示的研究框架。

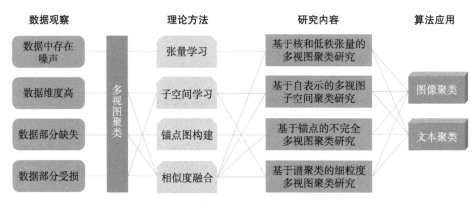

图 4-3　多模态数据融合研究框架

一、研究如何减轻原始数据中噪声对融合结果的影响

如图 4-4 所示，首先，利用核函数，构建数据的核表示。通过构建核空间，一方面，可以探索数据之间的非线性关系；另一方面，避免了直接从原始数据中学习，可以减弱噪声的影响。其次，使用张量的核范数为所有视图的数据学习低秩张量，深入探索不同视图之间的高阶关系，并使模型对噪声具有鲁棒性。最后，将低秩张量表示为相似度矩阵并执行谱聚类算法，得到数据融合结果。

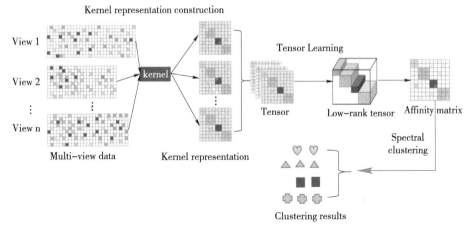

图 4-4　基于核范数的低秩张量数据融合研究

二、研究高维数据的数据融合方法

如图 4-5 所示，基于数据的自表达特性，将高维数据映射到不同子空间，从而对数据进行降维，并根据数据的多种视图共享子空间这一前提，从多种视图中提取共同的信息，利用它们的互补信息，来进行相似矩阵的学习。考虑高维数据中也存在噪声问题，为了减弱噪声的影响，研究利用数据的自表达特性，先获得数据的潜在表示，然后针对数据的潜在表示使用自表达特性，获得多个视图的本质表示。最后，将本质表示作为相似度矩阵，执行谱聚类算法。

三、针对原始数据中部分视图存在缺失数据情况进行融合

基于锚点策略对大规模数据进行聚类，先选择出锚点，然后计算每个视图中样本和锚点之间的相似度，之后求得样本和样本之间的相似度矩阵，再使用谱聚类算法得出聚类结果。为了对缺失数据情况进行处理，将已求得的各个视图样本和锚点之间的相似度矩阵

进行融合。针对每个样本，对其在不同视图中该样本和锚点的相似度进行融合，若样本在该视图中丢失数据，则该视图的融合权值设为 0，如图 4-6 所示。得到融合后的所有样本和锚点的相似度矩阵后，再计算样本和样本之间的相似度矩阵，这样就会得到最终的相似度矩阵。

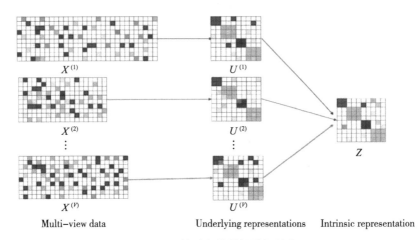

图 4-5　针对高维数据进行融合

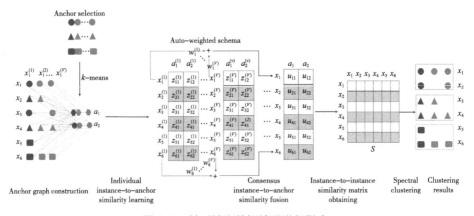

图 4-6　针对缺失数据情况进行融合

四、研究部分样本在某些数据中受损的情况

在使用多模态数据进行融合时，有些数据在部分视图中受到损坏，且具体损坏的数据点和相应的视图往往是未知的。为了对这种情况进行数据融合处理，如图 4-7 所示，采用细粒度的机制，在样本级别对数据进行融合，并自动学习相应视图的权值，从而减弱这种数据对聚类结果的影响。首先，使用 SSC 方法为各个视图构建初始相似度矩阵；然后，针对这些相似度矩阵，对每个样本的相似度值进行融合，学习一致性相似度矩阵；最后，使用一致性相似度矩阵执行谱聚类算法，得到聚类结果。

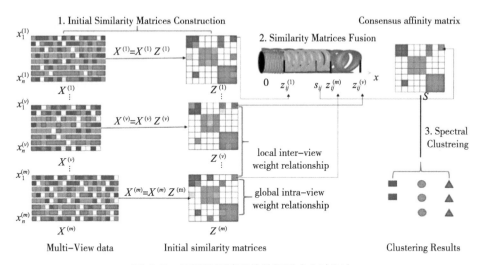

图 4-7 受损数据情况的数据融合方法研究

第三节　多模态数据语义分析

采用将深度学习的方法和深层结构模型两者用于学习多源、异构数据（文本、声音、图像、视频等）在同一语义层上的表示，为不同模态数据间的关联关系建模。在模型的每一层中考虑语义特征的表示和各个模态之间的信息关联关系，通过两个 Auto-encoder 来分别学习图像端和文本端的中间表示，同时通过在训练代价函数中以关联代价的形式加入两个模态间的关联信息，来实现在学习两种模态信息中间表示的同时对模态间的关联关系建模。Corr-AE 模型具有结构简单灵活、训练收敛速度快和检索精度高等优势，其训练算法可以看作是将单一模态信息的中间表示学习和多模态公共表示空间学习统一在同一个特征表示学习过程中。在 Corr-AE 模型的基础上，进一步吸收深度学习中关于逐层抽象、多层次学习的表示学习观点，构建用于"图像—文本"交互检索的深层 Corr-AE 网络。

基本的 Corr-AE 模型的思想是学习 3 个映射，即图像信息到图像中间表示空间的映射、文本信息到文本中间表示空间的映射和两个中间表示空间之间的可逆映射。Corr-AE 模型在训练代价函数中加入关联代价，实现同时学习单个模态的中间表示和模态间的关联关系。公式（3）关联代价表示为：

$$L_{\text{Corr-Cost}}(p^{(i)}, q^{(i)}; \theta) = \| p^{(i)}, q^{(i)} \|_{L_1} \qquad （3）$$

深层 Corr-AE 模型的基本思想是：首先对各个模态的信息分别进行特征提取，获得每个模态的中间层表示，然后通过多层的 Corr-AE 网络逐层学习不同模态表示之间的关联。

将数据共享与分析网络中的多源、异构数据（文本、声音、图像、视频等）进行特征映射，将跨模态信息表示成中间表示，如图 4-8 所示，将数据间的关联关系建模，采用深层 Correspondence Auto-encoder 模型进行跨模态关联，学习不同模态的关联关系。

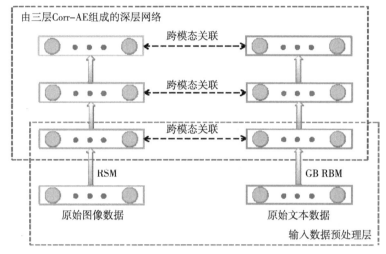

图 4-8　三层 Correspondence Auto-encoder 结构示意图

第四节　个性化信息服务推荐

将用户的长期兴趣和短期兴趣进行结合是个性化信息服务的基础，如图 4-9 所示。分析用户历史与检索结果的相关性，利用短期兴趣、长期兴趣，以及综合利用二者，以提高个性化分析性能。通过获得用户的搜索日志数据，计算集合元素的相似度以获得用户的长期兴趣和短期兴趣，结合当前查询来建立关联度，捕捉到用户的个性化特征，进一步建立用户个性化的兴趣模型。

图 4-9 用户兴趣分析方法

然后，通过感知用户的个体和群体行为特征，研究用户的行为模式学习方法，实现用户行为建模。通过用户兴趣模型，得到用户兴趣特征，结合传统的搜索结果，利用深度学习中对抗神经网络的方法，智能生成一个符合用户预期的个性化信息服务结果。

利用对抗神经网络的方法来生成符合用户预期的智能个性化搜索结果。对抗神经网络由生成模型和判别模型构成，生成模型和判别模型之间不断竞争，逐渐优化，得到最优结果。将用户新的行为模式作为生成模型，如图 4-10 所示，网络实现使用多层神经网络，中间的激活函数使用 ReLU 函数，输出层使用其他激活函数，观察得到联合分布，将用户兴趣模型作为判别模型，网络实现同样使用最基本的多层神经网络，由对抗神经网络进行训练和优化，从而实现个性化智能搜索的目标。

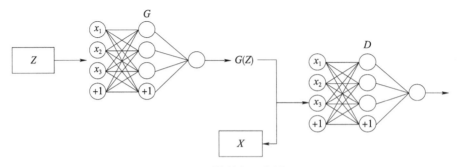

图 4-10 对抗神经网络模型图

公式（4）、公式（5）使用梯度下降法进行训练：

$$\nabla_{\theta g} \frac{1}{m} \sum_{i=1}^{m} \log(1 - D(G(Z^{(I)}))) \tag{4}$$

$$\nabla_{\theta_d} \frac{1}{m} \sum_{i=1}^{m} \log D(x^{(i)}) + \log(1 - D(G(Z^{(I)}))) \tag{5}$$

采用传统搜索结合对抗神经网络的方法，通过用户兴趣模型和用户行为的综合分析，得到符合用户预期的个性化、精准化信息服务与推荐内容。

第五章
基于知识图谱的海量科技数据仓构建

第一节　技术分析

通过研究对鲁渝科技数据仓内大规模多视图、多模态数据的表示、融合、抽取、推理方法，拟实现对不同类型用户的分类以及其与优势产业发展中个性化推荐的匹配，进而准确分析判别科技成果群体的共性问题和潜在需求。针对上述需求，对系统数据进行了分析，聚焦于以下 3 个关键问题。

一是多种室内外传感器采集的数据均为时序数据，需要提取时间序列的深层特征，识别数据内部的潜在模式。深度学习由多个处理层组成，可以进行多个级别的抽象学习，现在已经成为克服困难的有效方法。但是时间序列数据具有复杂特性，单一的深度学习模型难以挖掘时间序列的内部特性和外部驱动关系。

二是部分实际应用场景中，所面临的可用数据非常有限，例如在罕见作物和相关产业、技术人员的数据储备方面，其数据获取非常耗时或者代价较大，导致充分的训练数据难以收集。因此，需要解决在训练样本数量较小的情况下提高系统分析数据的能力。

三是数据的异构特性使得不同视图之间的关联复杂，能够有效学习数据的共性和个性问题的机器学习模型也是亟待解决的关键问题。学习具有紧致性的多视图统一表示，对于后续数据分析任务的准确性和效率都具有极其重要的影响。

第二节　面向多元时间序列的特征分析

一、数据预处理

由于客观原因的存在，采集数据往往包含噪声和缺失值等，在一定程度上会影响模型性能。为了得到高质量的数据以有效地应用于预测模型，首先对数据进行预处理，主要包括以下过程。

处理歧异值。时间序列中的歧异值也叫作离群点，是系统受外部干扰导致的异常点数据。从预测的角度来看，歧异值的产生给时间序列分析造成了一定的困难，影响模型的预测精度。但是从获取信息方面来看，歧异值提供了非常重要的信息，包括系统稳定性、鲁棒性和外部的刺激信息等。因此，本书决定不对歧异值进行处理，从模型角度增加预测性能。

由于数据源信息不全等原因，可能存在某些缺失值，少量缺失值对样本整体影响并不大，因此对于少量缺失值作删除处理。对数据进行归一化处理，时间序列数据由于表示意义不同，其数值相差也较大，这种情况下较大数值在分析中的影响也会更大，数据标准化处理有利于消除不同量级数值的差异。采用直线型方法中的最大最小值归一化将原始数据按比例缩放到（0，1）之间。

二、特征选择

将时间序列全部特征作为输入一般会增加模型复杂度，且大量不相关和冗余特征也会影响模型的性能，如何对输入特征进行合理选择和降维也成为一个重要的研究问题。特征选择本质上是根据实际问题的不同，从原始序列集合中选取强有用且尽可能相互独立的特征子集，从而尽可能保留原始系统的主要信息。在对目前已有的特征选择模型充分研究的基础上，引入极端梯度提升（XGBoost）进行特征选择，该策略已经在电力负荷预测、信号处理等领域得到成功应用。与其他选择模型相比，XGBoost 在时序特征提取方面的主要优势在于能够自动利用 CPU 的多线程并行地计算增益，按照特征粒度寻找最佳分割点，达到特征重要性度量的目的，实现时间序列频域的多特征预测。XGBoost 是一种基于梯度增强决策树的改进算法，可以有效地构造增强树且并行运算，去除冗余数据，降低模型训练复杂度。

利用 XGBoost 对空气质量数据集和大棚室内外温湿度数据集进行了特征重要性度量，特征的重要性取决于随机噪声替换该特征时预测性能的变化程度，得到如图 5-1 所示的特征重要性排序。

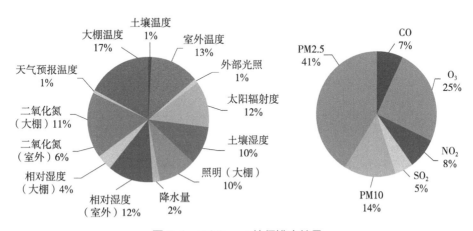

图 5-1　XGBoost 特征排序结果

第三节　多特征频域预测网络解析

研究发现，时间序列预测依赖于不同的频率模式，为未来的趋势预测提供有用的线索，短期的序列预测更多依赖于高频分量，而长期预测则更多关注低频数据。将上述选择的特征应用于时间序列频域预测模型，并根据时间序列的频域依赖特点构建多特征频域预测网络。该网络通过小波变换提取序列的频域特征，利用 LSTM 得到中间隐藏层结果，并在 LSTM 后引入了卷积层和自适应层。卷积层的优势在于捕捉相邻输入的交互用于自动学习特征表示，提高模型的学习能力；而自适应层的作用是根据数据的动态演变，将学习到的权重向量自适应地赋予频率分量，突出不同的频率分量对预测目标的影响。提出的多特征频域预测网络结构如图 5-2 所示，这是基于时频转换思想改进的频域预测网络，包括频域分解、隐藏层、卷积层以及自适应层，小波分解为在神经网络框架下实现小波变换处理时间序列。

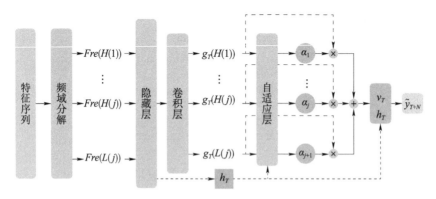

图 5-2　多特征频域预测网络结构图

一、频域分解

特征选择得到特征序列之后进入特征分解模块得到频域特征。经分解层一次分解之后会产生一个低频信号$Fre(L(1))$和高频信号$Fre(H(1))$。低频信号$Fre(L(1))$会继续进行下一次分解得到$Fre(L(2))$和$Fre(H(2))$。特征序列经神经网络频域分解层完全分解之后得到$\{Fre(H(1)),Fre(H(2)),\cdots,Fre(H(j)),Fre(L(j))\}$，其中，$j$代表分解次数，共$j+1$个频率分量且频率由高到低排列。对空气质量数据采用两层分解；而对于相对平稳的大棚室内外温湿度数据，因其具有较强的周期性和季节性，一层分解可以充分挖掘内部信息，分解结果如图5-3和图5-4所示。

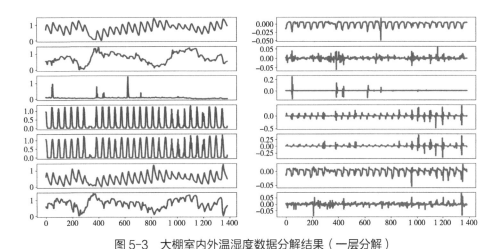

图5-3　大棚室内外温湿度数据分解结果（一层分解）

二、预测网络

对于神经网络而言，隐藏层越多，模型的非线性拟合能力越强、学习效果越好。但是由于模型训练需要消耗大量时间，所以一般会

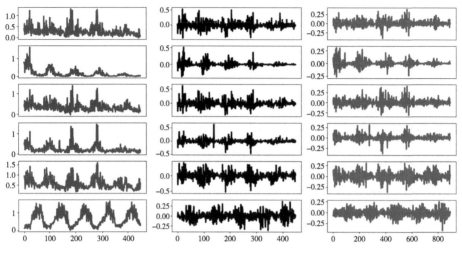

图 5-4　空气质量数据分解结果（两层分解）

选择效果较好且用时较少的方案。设置两层隐藏层便能用较少的时间得到很好的效果。第一层神经元个数为 128，第二层为 64，这是为了让数据流的体量缩小，减少冗余数据的干扰。网络自适应的关键是在隐藏层之后加入卷积层和自适应层：卷积层能够利用卷积操作捕捉相邻输入的相互作用，增强网络的横向泛化能力；而自适应层可以根据输入数据的动态变化，将关注不同的频率分量，突出不同的频率分量对预测目标的影响，并通过公式（1）进行训练，其目标函数为：

$$\zeta = \frac{1}{T} \sum_{1}^{T} (\tilde{y} - y)^2 \quad\quad\quad (1)$$

$$\theta - \eta \frac{\partial \zeta(\theta)}{\partial \theta} \to \theta \quad\quad\quad (2)$$

其中，$\tilde{y}$ 为模型得到的预测值，y 为实际值。公式（2）为模型优化函数，θ 为模型的优化参数，η 为可调节的学习率。

各层频域信息经 LSTM 隐藏层处理之后都会得到一组隐藏状态 $\{h_1, h_2, \cdots, h_t\}$。然后，模型对隐藏状态进行卷积操作产生 $g_T(j)$，表示 T 时刻第 j 层分解产生的卷积信息。随后，公式（3），自适应层根据隐藏状态 h_T 对 g_T 进行动态加权：

$$f(g_T, h_T) = W_g h_T g_T + b_g \tag{3}$$

$$\tag{4}$$

其中，公式（4）f 为自适应层的加权函数，$g_T(j)$ 为频率卷积信息，W_g 和 b_g 为模型学习的权重向量和偏差。公式（5）利用权重 $\alpha_j = \{\alpha_1, \alpha_2, \cdots, \alpha_{j+1}\}$ 对频率分量进行求和，得到加权向量 v_T：

$$v_T = \sum_{j=1}^{j+1} \alpha_j g_T(j) \tag{5}$$

最后，公式（6）将 v_T 和 h_T 融合并进行线性变换，得到最终预测：

$$\tilde{y}_{T+N} = W_y[v_T, h_T] + b_y \tag{6}$$

其中，W_y 和 b_y 为模型学习的权重向量和偏差。

预测网络由四层网络结构组成，首先是两层 LSTM 隐藏层，通过这两层 LSTM 层可以得到频域预测结果；接着是一层卷积层，卷积层可以捕捉相邻输入的相互作用，自动的学习特征表示，得到卷积之后的特征向量；最后是自适应层，自适应层的本质是横向注意力机制，传统的注意力机制是在时间维度上选择更相关的时间步长，而自适应层是在同一时刻选择更相关的频域特征，为不同的频域特征进行加权得到最终的预测结果。

三、时序预测

时间步长代表不同的时间粒度，例如每日、每周。它在某种程度上反映了神经网络需要记忆的信息量，当利用数据自相关模式进行预测时，该参数尤为重要。目前大部分预测均为 1 步预测，即预测下一天的数据，这种预测方法为短期预测，时间粒度较小，准确性较高。当时间步长增大时，时间粒度随之增大，更容易受到外界不稳定因素的干扰，产生较大的预测误差。如图 5-5 所示比较了 1 步、3 步和 5 步预测的准确性，其中，1 步预测意味着第二天的趋势，这是一个短期预测；而 3 步预测表明半周趋势。由于股票等时间序列一周仅能收集 5 个工作日数据，因此 5 步预测通常意味着下周的趋势，也是常用的长期预测步长，极具挑战性。不难看出，在各个数据集中短期预测的误差都比长期预测小，这是预测领域中的普遍现象，因为长期预测数据间的相关性相对较弱，而且时间步长较大使不稳定因素增多导致误差变大。为取得更好的预测效果，时间步长均为 1 步，进行短期预测。

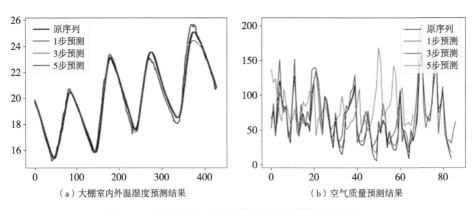

（a）大棚室内外温湿度预测结果　　（b）空气质量预测结果

图 5-5　数据集在不同时间步长上的预测结果对比

第四节　小样本场景多视图分类建模

在数据充足的情况下，复杂分类模型（如深度神经网络）往往能够取得较好泛化性能，从而保证分类准确性。然而，现实应用中样本获取的成本高昂，训练样本不足的情况成为常态。此时，直接使用流行的复杂分类模型，往往容易导致过度拟合当前有限的训练样本。深度网络具有强大的特征学习能力，而传统简单模型（如最近邻分类器、支持向量机）往往具有强泛化能力。研究融合深度神经网络和简单分类模型的小样本多视图分类方法，以使算法同时具备强大的特征学习能力和模型泛化能力。

一、小样本数据分类

针对此情况，受原型分类网络的启发，在深度网络框架下，设计了具有朴素思想的分类器，使特征学习和小样本分类各自发挥优势。其中，在多视图统一表示学习过程中，不仅使学出的多视图统一表示有助于（训练阶段的）分类，即减小训练误差，同时使所学多视图统一表示能较好地反映出类别的聚集结构特性。在分类器层面，由于简单分类器的引入（如支持向量机），缓解了复杂模型的过拟合问题，也反过来促进了表示学习，使多视图统一表示在空间中能够反映聚类结构特性。具体地，公式（7）形式上可建模为：

$$I(\{X_v\}_{v=1}^{V}, H; \Theta_1) + C(H; \Theta_2) \tag{7}$$

其中，$C(H;\Theta_2)$ 为基于隐表示的分类器（Θ_2 为分类器参数）。一般地，该模型应该能够使所学出的隐表示H反映聚类结构，公式（8）考虑使用如下原型分类损失：

$$p(y = k \mid h) = \frac{exp(-d(f(h;Q_2),c_k))}{\sum_{k'} exp(-d(f(h;Q_2),c_{k'}))} \qquad (8)$$

$C(H;Q_2) = \sum_h -\log p(y = k \mid h)$，其中$k$为$h$对应的真实类别标记，$c_k$为第$k$类对应的原型表示。

在测试阶段，给出具有多视图描述的样本，首先，将多视图描述映射为统一、紧致的特征向量；其次，根据原型分类器，即计算统一向量到各原型的距离，选取最小距离的原型所代表类别为测试样本类别。

总结起来，该模型具有如下特点和优势：深度网络的特征学习能力与简单模型的鲁棒性、泛化能力互相促进；使用简单模型的关键优势之一是使模型具有较好的可解释性，与传统的复杂判别分类器相比，这样的分类器能为分类结果提供更好的解释，而非仅仅提供分类结果；继承自多视图统一表示框架，具有充分挖掘多视图数据关联的能力。

二、端到端异构数据表示

考虑深度学习强大的自动特征学习能力，开展端到端（end-to-end）的多源异构数据融合技术研究。突破人工提取各个视图对应的特征再进行后期融合的方式，以解决其存在的两个主要问题：手工提取特征与任务割裂，无法保证所提取特征对学习任务整体的正面效果；手工提取的特征往往维度较高，在统一表示学习中，使学习所得统一表示通过退化直接拟合高维特征容易过拟合及无法应对噪声。具体地，如图 5-6 所示，提出嵌套式自编码器模型，增强了原始多视图特征维度高、包含噪声时模型的鲁棒性，同时具有端到端的异构数据融合能力。其中，内层自编码器（实线箭头所示）负责各模态（视图）特征学习，可以看作视图相关或者视图内部的编码；外层自编码器（虚线箭头所示）负责融合不同视图的编码为统一多视图编码，可以看作跨视图或者多视图协同编码。

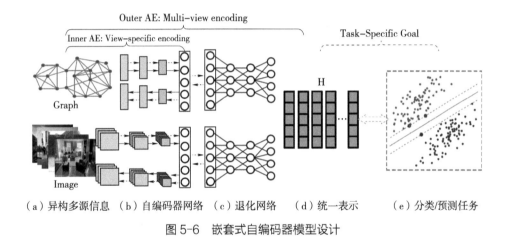

（a）异构多源信息　（b）自编码器网络　（c）退化网络　（d）统一表示　　　（e）分类/预测任务

图 5-6　嵌套式自编码器模型设计

三、完备、紧致多视图统一表示建模

多视图学习的基础是不同视图之间描述的是同一对象，即不同视图间存在一致性（相关性）；同时，不同视图从不同角度对对象进行了描述，即不同视图之间存在互补性（独立性）。传统多视图学习方法中通常强调共性，即最大化视图之间一致性，或者强调个性，即最大化不同视图之间的互补性，以上两种方式都难以自适应地平衡多视图数据之间的共性与个性。因此，研究基于完备、紧致多视图表示模型，使多视图统一表示能够自适应地平衡多视图融合的共

性和个性，将不同视图的关键信息完备、紧致地进行融合，为多视图数据分析提供基础支持，如图 5-7 所示。

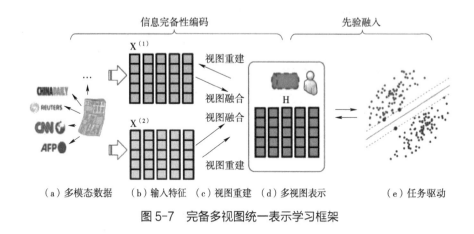

图 5-7　完备多视图统一表示学习框架

提出基于"信息反向传播、表示迭代更新"策略，不同于以往将各个视图向同一空间映射，所提模型将完备多视图表示向各个视图映射（看作退化过程）。公式（9）具体定义如下一般形式的优化目标：

$$I(\{X_v\}_{v=1}^{V}, H; Q_1) + S(H; Q_2) \qquad （9）$$

其中，$I(\{X_v\}_{v=1}^{V}, H; Q_1)$ 可以看作多视图信息统一编码损失函数（Q_1 为该函数的参数），其目标是将 V 个视图矩阵 $\{X_v\}_{v=1}^{V}$ 所含主要信息编码到统一表示矩阵 H 中；而多视图统一表示 H 为未知待求变量。$S(H; Q_2)$ 可以看作是与具体任务相关的损失函数（Q_2 为该函数的参数），使所学出的统一表示 H 能够尽可能符合目标任务。一般地，针对无监督数据，可以设计类似聚类形式的目标函数；而针对具有类标记的数据，可以利用监督信息设计具有聚类结构保持的多视图统一表示学习目标函数。公式（10）考虑神经网络较强的非线性处理能力能够有效挖掘多视图间复杂关联，拟采用深度神经网络对多视图关联进行建模，即：

$$I(\{X_v\}_{v=1}^{V},H;\Theta_1)=\sum_{v=1}^{V}\lambda_v g_v(X_v,H;\theta_v) \qquad （10）$$

其中，$g_v(X_v,H;\theta_v)$ 为建立第 v 个视图与隐表示之间关系的误差函数，其要求通过深度网络的映射，可以通过统一表示 H 恢复出第 v 个视图的信息。对于任务依赖损失函数，可以根据具体目标进行设计，如对于分类任务，公式（11）可以设计如下损失：

$$S(H;Q_2)=S(H,Y;Q_2) \qquad （11）$$

其中，Y 为训练样本类别信息，$S(H,Y;Q_2)$ 定义了基于隐表示 H 的分类损失。

总体上，所设计的完备、紧致多视图统一表示模型在多视图融合上主要具备以下优势：完备性——对比于传统的正向传输模式（由原始特征向共享空间映射），反向传输（由统一表示向原始特征退化）确保了多视图统一表示将不同视图信息包含，这是由于完备表示 H 可以通过不同退化网络输出不同视图特征；紧致性——多视图统一表示具有低维、非冗余特性，自适应地平衡了共性和个性，保留共性和个性的同时去除了冗余；结构性——通过引入任务驱动项，多视图统一表示可以将数据本身结构（如聚类结构、类别结构）自然融入；伸缩性——模型优化可使用小批量数据（mini-batch）方式进行训练，适用于大规模多视图数据。

提供的不同类型用户数据集和鲁渝两地优势产业数据集上展示在不同迭代次数情况下，最终求得亲和矩阵的可视化结果。如图 5-8 所示，很明显学习到的亲和矩阵具有理想的块对角结构和较少的噪声，清楚地揭示了多视图数据之间共享的内在聚类结构。进一步说明，提出的模型能够同时挖掘并利用多视图之间的一致和互补性信息，学习一个优质的共享子空间表示，证明了该方法的可行性和有效性。此外，还对学习到的亲和矩阵进行 t-sne 可视化，如图 5-9 所示，聚类结果与视化结果一致，说明学习到的子空间表示适用于多视图聚类。另外，随着迭代次数的增加，聚类结构变得更加紧凑清晰和具有判别性，直观地证明了所提方法的有效性和合理性。

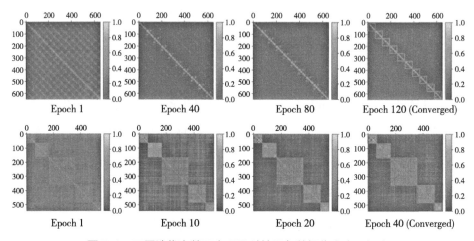

图 5-8　不同迭代次数下本项目科技服务数据集上亲和矩阵

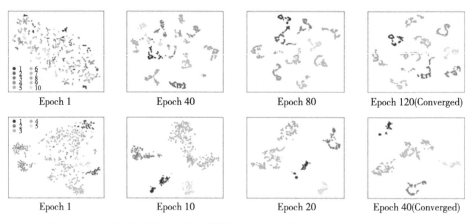

图 5-9　不同迭代次数下科技服务数据集上亲和矩阵 t-sne 聚类可视化结果

基于此聚类结果，实现了对不同类型用户的分类和鲁渝两地优势产业项目的分类，较科学地实现了二者个性化推荐需求中的匹配任务。

第五节　数据仓多态超融合存储

以鲁渝科研机构数据、科技专家数据、科技企业数据、科技产业基地数据等为科技数据，以农情监测、病害诊断、环境控制、肥水决策、种养殖技术、市场预警等为农业成果，以农业网站、农业专业信息系统等开放的百万级规模数据集为基础，通过人工采集、年鉴数据迁移、表格数据导入、移动互联网设备等多种方式进行数据采集，利用海量数据的多态超融合存储技术，形成鲁渝科技数据仓，如图 5-10 所示。分析科技数据的来源、类型和质量，进行数据清洗和整理，利用核函数为各个视图构建初始相似度矩阵和使用低秩等范数来降低噪声对融合结果的影响，使用基于自表示的多视图子空间聚类方法进行聚类，采用细粒度机制自动学习相应视图的权值，减弱缺失受损数据对聚类结果的影响，并有效针对农业场景进行知识图谱的可视化呈现，为数据搜索、专家问答、推送服务提供支撑。海量数据的多态超融合存储技术博采 OLTP 数据库、OLAP 数据库和大数据 / 数据湖众家之长集于一身，形成一种新的技术形态，核心是灵活和强大的模块化与插件化。通过模块化和插件化，超融合数据库可以支持不同的场景，例如可插拔存储器可以使用行存引擎支持 OLTP、使用列存引擎支持 OLAP、使用 LSM 存储引擎支持时序数据场景，通过多态存储架构可以同时支持存算一体和存储计算分离，通过自定义类型、自定义函数和自定义聚集支持库内机器学习（in-database machine learning）等，其优势在于开发省力和运维省心。

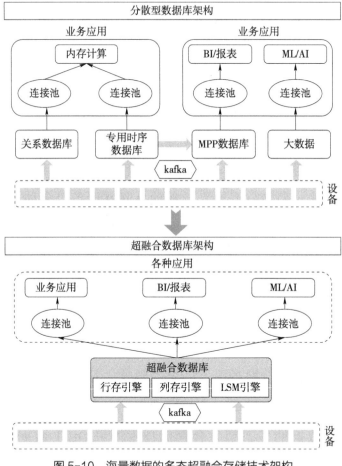

图 5-10　海量数据的多态超融合存储技术架构

第六章
基于对抗神经网络的数据智能筛选

第一节　技术分析

建立支持向量机的鲁渝科技数据聚类模型和用户分类库，面向不同用户实现知识结构、信息需求、心理倾向、行为方式、现场感知、生产类型、生产环节和地域特征等信息自动分类，将用户新的行为模式及兴趣作为生成辨别模型，研究利用对抗神经网络生成符合用户预期的智能个性化推送结果，借助商业 BI 工具实现多源异构数据的智能管理。

开发了生成对抗学习（GAN）方法来模拟用户行为动态并学习其奖励函数，如图 6-1 所示，可以通过联合极小化极大优化算法同时评估这两个组件。该方法的优势在于：一是可以得到更准确的用户模型，而且可以用与用户模型一致的方法学习奖励函数；二是相较于手动设计的简单奖励函数，从用户行为中学习到的奖励函数更有利于后面的强化学习（RL）；三是学习到的用户模型使研究者能够为新用户执行基于模型的 RL 和在线适应，从而实现更好的结果。实现了重庆科技成果群体知识发现与关联的智能匹配，提供精准化推送服务。

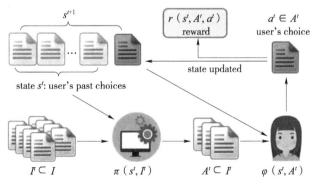

图 6-1　基于对抗神经网络的智能筛选

第二节　用户类型分类聚类

分类聚类的创新管理方式帮助农业管理更加清晰，以图表、数据等呈现检测要素的状况，可视化程度高，农户可以准确对接管理，能够有序、整齐地进行各项工作，减少中间环节与沟通时间，降低管理成本。同时，通过运用不同类型的聚类方法，如 Q 型聚类、R 型聚类等，采集样本，收集各项变量，分析其中的数量关系，形成一定的数学模型。不同类型的用户分聚，一方面能够有效进行管理与信息互通；另一方面可以通过不同的数据呈现进行分析预估和评判，帮助农户间合理竞争，公平公正。

聚类分析方法有多种，使用不同的聚类分析方法，得到不同的结果，再针对具体的问题、数据特征，多采用几种方法进行尝试，再观察哪个分类结果更符合实际、更合理，如图 6-2 所示。

内容/方法	TwoStep	K-Means	Hierarchical
聚类对象	记录	记录	记录、变量
变量类型	连续变量、分类变量	连续变量	连续变量、分类变量
样本量	大样本（>1 000）	大样本（>5 000）	小样本（<1 000）
特点	自动确定最佳分类数	保存每个样本到类中心的距离	提供丰富的聚类方法和图形

图 6-2　聚类分析方法对比

通过对不同类型的用户分类，从农业生产到最终的作物生产这一环节顺延下看，前期，同类型的用户在土地准备、作物种子选择以及后续的作物生长等多种多样的状况中可以更聚合，相互之间的交流更加便利，如图 6-3 所示。例如，不同类型的作物种植农户在分配土地及划分上既需要考虑土壤的各项性质，又要通过聚类分析各变量来确定其权重，以不同的数据模型进行模拟等。

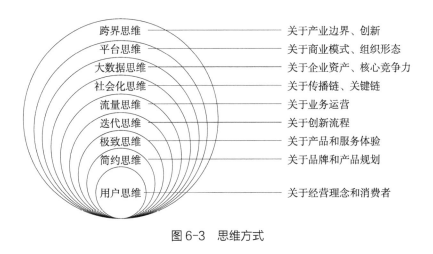

跨界思维————关于产业边界、创新
平台思维————关于商业模式、组织形态
大数据思维————关于企业资产、核心竞争力
社会化思维————关于传播链、关键链
流量思维————关于业务运营
迭代思维————关于创新流程
极致思维————关于产品和服务体验
简约思维————关于品牌和产品规划
用户思维————关于经营理念和消费者

图 6-3　思维方式

第三节　实时信息智能处理

科技时代，信息传播速度快得难以想象，瞬息万变，在农业当中，利用智能化的信息进行预估、评估和干预能够对农业的生产起到至关重要的作用。古人有智，观察天时与万物生长态势，总结出二十四节气。天气变化、自然灾害等的发生对于农业的发展影响重大，作物生长受气温、水分、土壤以及昼夜温差变化等因素影响，细微的变化都能够影响最终的生长态势，可谓"差之毫厘，失之千里"。今人有慧，借以科技力量推动农业的精确化、信息化发展。通过户外数据的收集、分析和研究，专家做出相对科学合理的预判，

帮助指导农户调整环境因素，帮助农户应对即将到来的人为或自然变化带来的考验，极大程度上规避了突发状况对农业生产发展造成的不良影响。

实时信息智能处理优势在于：一方面，农户可以依据实际情况对各项指标进行设定，输入平台信息当中，通过科技实现温室大棚等作物生长环境因素的自我调控，达到精确化、科学化生产，同时各项数据的变化存在范围变动，为农户提供一个相对科学的指标要求，能够有效降错，有效降低人力成本，提高种植标准，营造科学的农业生产发展环境。另一方面，通过实时信息数据的监测上传，对应农田农户负责人可以及时地观察到作物的生长环境条件，接收更加精准、灵敏的数据动态变化，掌握动态变化状况，同时接收各项数据整合出适宜不同时期不同作物的生产指标，为农户进行数据调控提供一套相对科学化的模型，为农户更好地进行农业生产提供技术与信息支持。同时，还将自动化智能化的信息处理与人工处理相结合，既有效运用了科技准确科学的优势，又有效运用了人工贴近自然的优势，为农业的发展提供了一个人工与科技相结合的广阔平台。

第四节　数据精准配给推送

信息数据的应用将农业相关标准提高，各项指标更加精确，不单是对于农户内部的管理要求，更是对于农业这一个行业的标准要求。从农户种植收获到出售到顾客手中的这一条链隐藏着许多复杂的关系，稍有信息阻塞或是预判错误都可能会造成市场乃至经济的巨大变化。通过平台采取线上线下相融合模式，降低了此类后果发生的可能性。

线下，在农产品生产基地大棚中安装温湿度传感器、红外传感器等，实时监测空气中的温湿度以及光照等条件，通过物联网技术将数据传输至线上，为农户实时监测农田或是温室大棚的各项影响因素提供便利，农户通过数据查看作物生长是否处于最优环境。如有不良条件影响，再通过适当的调整，使得农作物能始终处于一个良好的生长环境，在利用科技的前提下充分保障产品的质量，实现农产品高质量发展。而成果的呈现精确，是对前期方法运用是否科学和农户付出心血多少的检验，通过配给推送，可以有效解决供给源头的作物堆积、难销难出等问题，从源头解决，更有利于整个环节对外的流通，起关键的疏导功能。

线上，利用大数据，合理分析作物未来销售前景，及时调整农户对作物的生产，再通过数据上传，将不同类型的农户及其种植作物进行分类，对其生产作物的类型、品质以及产量等进行统计；对比不同年份不同地区的作物消耗量以及地区人们的饮食习惯等，结合多方数据进行模拟，预估出不同地区的对应作物需求量，在考虑交通运输成本、市场成本以及人力成本等经济因素的基础上，将对应农户与对应的市场进行匹配，提供相应的链接，帮助农户能够更直接地选择出售地区，减少成本损失，实现成果精准化供销。科技数据平台不再是简单的线下分销，而是充分利用互联网大数据，合理规避风险，由传统的单一线下配给推送转化为现代精准化分销，实现线上线下有机融合，既有利于农户收入增长，又有利于农业现代化发展，可谓一举多得。

平台将成果精准化配给推送，是将大数据技术运用到极致的重要表现之一，是新时代下农业发展的创新成果之一。一方面，为农户即时获得各项数据信息提供了可能，更加便利地应对和解决意外发生，帮助农户更加从容地面对问题或是应对可能发生的考验，为作物生长提供了更加科学精确的环境；另一方面，精确化的信息推送有效解决了以往因为信息错位而造成的供给不匹配等一系列滞后问题，更加快速、准确地将农户生产的产品"送"到了需求者手中，节省了许多人力、物力和时间等。综上所述，成果精准化配给推送是平台的一大优势，是科技力量占比极大的一个功能，同时也是助推农业信息化发展的关键之一。

第七章

鲁渝科技数据协同驱动创新服务平台研建

以鲁渝科研机构数据、科技专家数据、科技企业数据、科技产业基地数据等为科技数据，以农情监测、病害诊断、环境控制、肥水决策、种养殖技术、市场预警等为农业成果，以农业网站、农业专业信息系统等开放的百万级规模数据集为基础，研建了鲁渝科技数据协同驱动创新服务平台，以"1+3"体系为基础架构，"1"即1个数据汇聚中心，"3"即"项目成果""专技服务"和"示范基地"三大功能模块，全方位展示鲁渝科技协作的项目成果、技术服务、试点示范能力。最终，以 PC 端和手机端两种方式实现平台的可达性。

第一节　平台首页

进入鲁渝科技数据协同创新服务平台后，可以看到平台首页的"项目情况"，如图 7-1 所示。中间位置是重庆市地图及鲁渝项目整体分布情况，包括项目成果、示范基地、专家、监测等数据情况；左上角为不同领域的项目数量情况，左侧为"全部项目"列表，右侧为"科技动态"情况，均以滚动形式展示，如图 7-2 所示。

图 7-1　平台首页

图 7-2　项目详情及科技动态

第二节　示范基地

点击"示范基地",进入页面后可以看到项目示范基地的情况,包括基地名称、基地数量、监测数据采集量等,如图 7-3 所示。点击一个项目后,即可进入该项目详细情况,页面上展示该项目位置的地理图、监测数据及图表、视频监控等信息，如图 7-4、图 7-5 所示。

图 7-3　示范基地页面

图 7-4　示范基地的可视化

图 7-5　监控实时图像

一、研建远程物联网监控系统

综合考虑信息采集、信息管理、信息应用 3 个层面需求，以实现基地农业生产的合理化管理和提高生产效率为目的，建设布置大田种植物联网系统和水产养殖物联网系统，如图 7-6、图 7-7 所示。并将网络、图像、传感、专家智能化等技术进行集成，建立一套基于 Web 方式的生产管理、视频监控、气象观测、专家指导的信息系统，如图 7-8 所示。

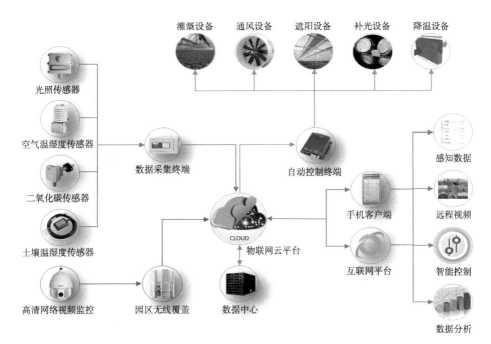

图 7-6　示范区物联网框架图

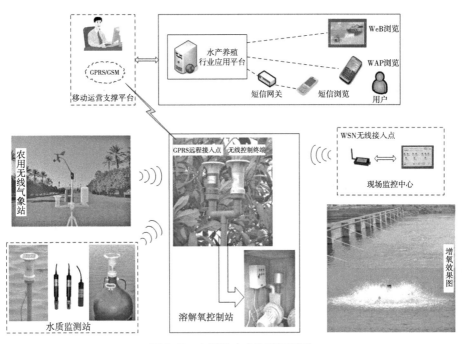

图 7-7　大田及水产物联网系统

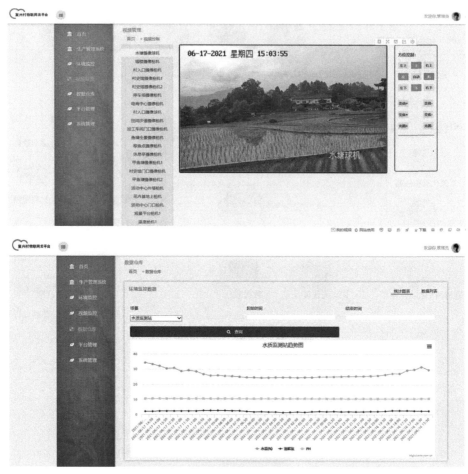

图 7-8　物联网系统

二、构建农业标准化生产管理系统和产品溯源管理系统

构建农业标准化生产管理系统，用信息化手段制定农作物生产计划、记录和管理田间农业活动、采收活动、仓储、加工等信息，提供农户咨询服务。建立产品溯源管理系统，通过农作物信息化管理服务系统，全面武装农作物基地生产业务，提高农业生产效率，提升农产品品牌影响力，辐射带动周边农业企业信息化，如图 7-9 所示。

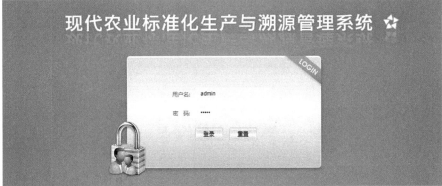

图 7-9 农业标准化生产与溯源管理系统

三、布设水肥一体化灌溉系统

利用已建设完成的设施农业基地，布设水肥一体化系统，完成水肥一体化控制手机 App 研发，如图 7-10 所示。

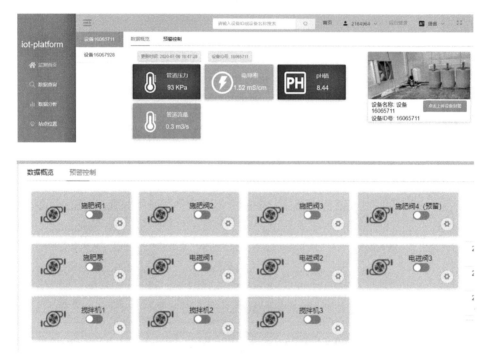

图 7-10　水肥一体化控制 App 界面

四、完善全景虚拟展示系统

基于现有的农业全景虚拟展示系统，采用增强现实（AR）技术、虚拟现实（VR）、三维建模技术，融合无人机遥感数据和多种传感器感知数据，以标签的形式实现区的各类静态、动态、简单、复合、实时等数据在实景视频上基于精确坐标位置的叠加，构建了实景化、多层次、多功能、信息共享的智能可视化体系，如图 7-11 所示。

图 7-11　VR 可视化系统

五、集成智慧农业精准信息系统

集成包括农业物联网系统、农业标准化生产管理系统、农产品质量安全追溯系统、水肥一体化灌溉系统、VR 可视化展示等多个系统于一体的智慧农业协同精准信息服务平台，构建智慧农业定制服务以及共享体系，如图 7-12 所示。从而形成示范性的农业信息化技术，提高农业生产经营和服务水平，为基层农业科技人员、农户、专业大户、龙头企业等开展农业生产提供支撑，实现农业服务的智能化。

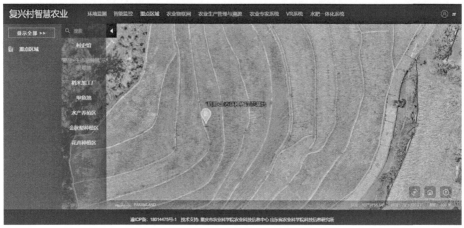

图 7-12　智慧农业精准信息系统

第三节　技术成果

点击"技术成果",进入页面,"农技资料"是以图文等形式来展示鲁渝各项目的成果汇总,点击后可以看到成果详情,并设计有资料分类和搜索功能,如图 7-13、图 7-14 所示;"农技专家"展示了鲁渝两地农业专家情况，点击专家可以看到该名专家介绍，并可以给专家留言互动等，如图 7-15 所示。

图 7-13　技术成果

图 7-14　农技图文资料示意图

图 7-15　农技专家详情

一、软件组成与结构

主要包括前台展示子系统、农业专家系统和后台管理子系统3个子系统。基于先进流媒体技术，支持高质量的视频节目，支持大规模并发流的网络直播、录播上传等应用，主要包括音视频信号采集、压缩编码转换、视音频存储、在线网络直播、节目点播等功能模块，具有良好的安全性、稳定性、扩展性、可移植性和易用性。基于网络环境，借助计算机，以视频、音频、文本、图片等多种形式，采用全开窗、全活动的流媒体格式进行传输和播放。网上开辟网络直播、视频交互等专栏，既可以开展专家远程授课，又可以实现专家与农户异地"面对面"互动交流。

1. 前台展示子系统

所设栏目主要有农业科技动态、农业科技专题、视频直播、专家在线、成果示范、新品种介绍、新农村建设等。

（1）网络直播

充分利用农业专家团队强大的知识优势，将专家在演播室讲课的音视频信号压缩成流媒体数字信号，通过网络以点对面的形式实时传播，对农民进行远程培训。可实现一点对多点、多点对多点之间的音频、视频、文件共享、电子白板、屏幕共享、协同网页浏览等功能，通过现有的村村通宽带网络实现远程视讯沟通和远程培训学习，专家在讲课过程中还可就有关问题与农户进行音视频互动交流。

（2）视频交互

主要实现声音、影像及文件资料实时异地互传，满足广大农户对实时、高质量的农业音视频信息的更高需求。在整个过程中可自动处理用户的加入和退出，为用户灵活地参与视频交互提供方便。不仅能实时地传输参与者的声音和影像，产生"面对面"讨论的感觉，而且可以将这些音视频信息通过系统设备进行实时记录，以供以后点播详细学习。还可以通过基层站点的客户端，开展远程视频诊断，能够以高清晰度显示高分辨率的内容，帮助专家进行鲁渝两地诊断，及时解决农户遇到的各种技术难题，指导农业生产。

2. 农业专家系统

构建农业专家系统，如图 7-16 所示。整合推广、生产、服务、使用等各方面资源，以农业专家和农业知识为核心，建设一个集全面、专业、快捷、方便的诊断与服务功能于一体的基于移动互联的专家咨询服务系统。重点建设专家介绍、视频咨询、留言咨询、防治历、技术培训、案例精选、全程指导，实现以专家视频诊断为核心，留言咨询、移动终端咨询为有益补充的全方位的诊断与服务功能，为重庆主要农作物生产、管理、病虫害诊断防治提供良好的技术服务，在服务方式上有创新突破、服务水平上有提升。先后增加山东、重庆专家，完善了专家视频联动功能，增加了本地化的视频培训资料和植物医院功能。

图 7-16　农业专家系统

对一个给定的应用环境，进行最优的数据库模型构造，建立数据库及其应用系统，使其能够有效地存储数据，满足各种用户的应用需求称为数据库设计，它是系统总体设计的最重要的一环。其步骤有概念结构设计、逻辑结构设计、物理结构设计、数据库运行和维护、需求分析、数据库的建立和测试。下面简要介绍概念结构设计和逻辑结构设计。

（1）概念结构设计

在最开始的数据库设计中，设计人员在需求分析后，在逻辑结构设计之前先进行概念模型设计，并提出了数据库设计的实体—联系方法（Entity-Relationsh 加 Approach），直接进行逻辑结构设计。

（2）逻辑结构设计

将概念结构设计得出的实体—联系图转换为与选用产品所支持的数据模型相符合的逻辑结构。用现有 DBMS 支持的关系、网状或层析模型中的某个数据模型转换概念结构设计得出的实体联系图；从功能和性能等各方面要求，对数据模型进行评价，看它是否满足用户要求；优化数据模型。

3. 后台管理子系统

（1）子系统组成

后台管理子系统主要包括视音频文件采集编辑压缩模块、流媒体管理模块、下载模块、图片模块、用户管理模块、留言模块、视频点播模块、文件模块和多媒体数据库管理模块等。

（2）子系统功能

管理功能：包括在线编辑器、栏目访问统计、视音频数据文件备份、信息组件管理、网页模板管理、频道栏目综合管理、上传视音频数据文件管理、域名指向管理等。

应用功能：包括视音频数据文件创建、编辑、修改、增加、删除，自动发布信息，自动排版，跨栏目、跨网站发布，自定义栏目、频道，视音频文件审批，模板设计，工作流定义，用户行为监控及详细操作记录，站点管理和统计，内容访问控制管理等。

二、硬件组成与结构

如图 7-17 所示，硬件由 LiveONE 移动采集工作站、AVCaster 视频直播机、KMS Media Producer 多媒体处理工作站、LiveONE 编码工作站以及 KMS 流媒体服务器等多个部分组成。

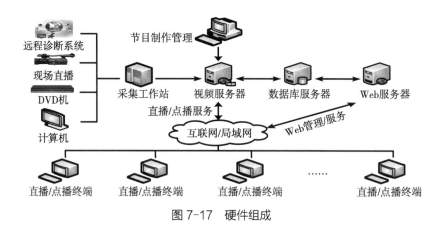

图 7-17　硬件组成

1. LiveONE 移动采集工作站

采用最新的视频压缩技术、最新编码技术，以及流媒体技术，提供多路音视频同步直播或录制服务，同时可为流媒体服务器提供直播源，还可以把正在直播的节目录制下来，并提供后期点播服务。其硬件配置为 Core 1.8G/1G 内存 /120G 硬盘 /1 000M 网卡 / 无线 / 独立显卡，提供 1 个演播室或现场的网上直播和录制。

2. AVCaster 视频直播机

采用最新的视频压缩技术、硬件编码技术，以及流媒体技术，提供多路网络音视频同步直播、录制。其主机 AVCaster 的配置为 P4 3.0e/2G 内存 /80G 硬盘 /1 000M 网卡 /4U 机箱 / 不含显示器，提供 16 路培训电视和 16 路娱乐电视节目的编码，并实现 32 个频道的网上转播和录制。

3. KMS Media Producer 多媒体处理工作站

其硬件配置为 P4 3.0e/1G 内存 /80G 硬盘 /1 000M 网卡，操作系统采用 Windows 2003 Server，提供对包括影片、录音带、录像带以及 VCD、DVD 等碟片进行数字化转换并上传。

4. LiveONE 编码工作站

其硬件配置为 P4 3.0e/1G 内存 /80G 硬盘 /1 000M 网卡 / 音视频采集设备，提供 1 个演播室的网上直播和录制。

5. KMS 流媒体服务器

集成了视频直播系统、视频点播系统、视频广播系统，以及视频制作等子系统，旨在为用户提供整套的媒体文件制作、节目点播、视频直播、媒体文件广播等服务，是一套完整的基于 IP 网络的音视频应用平台。其硬件配置为 2*XEON 2.0G/2G 内存 /73G SCSI 硬盘 /1 000M，安装流媒体服务器程序，提供流媒体数据的发布、管理等核心视频服务。

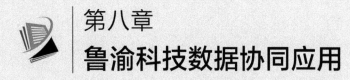

第八章

鲁渝科技数据协同应用

第一节　可视化场景搭建

一、示范基地选址

选择重庆渝北区大盛镇青龙村、铜梁区巴川街道玉皇村及武隆区高山蔬菜产业园区、渝北国家农业科技园区等乡村或园区，布设气象信息、空气温湿度、土壤温湿度等环境参数的精准感知节点、远程视频监控等信息化设备，建立科技示范基地的可视化场景，建立无人值守的农业生产与服务信息自动、连续和高效获取系统，实现科技示范基地实时可视化监测以及精准化作业。

二、示范基地需求调研

信息服务基础设施薄弱。主干网络和基础网络布局紊乱，信息化硬件设备短缺、简陋，技术手段落后；面向农业的信息网络平台及其技术平台远未达到要求，相当农业信息化领域尚属空白，解决信息服务问题任重道远。

现有产业基地不能满足信息化需求。主要产业——水稻、蔬菜、果树等未形成规模化、标准化种植，生产基地道路、水利凌乱，监测、监控等设备安装困难较大。

信息意识淡薄，人才缺乏。村民整体科技文化素质相对较低，信息观念十分淡薄，对信息缺乏正确的理解与认识。不少村干部缺乏利用信息技术的知识和能力，严重阻碍了农村信息化进程的推进。

三、示范基地标准化智慧化建设

1.完善信息化基础配套设施

建设了设备溶解氧、pH 值、水温等指标的水产物联网设备和基地空气温湿度、土壤温湿度、光照、风速、风向、大气压、降水量等无线传感采集设备，配备了基地视频监控。利用互联网＋物联网研建示范基地农产品溯源系统与电子商务系统，设计指导了 1 000 m² 农业智能温室建设，配置了水肥一体化相关设备，如图 8-1 所示。

图 8-1 完善信息化基础配套设施

2. 开展适宜信息化的标准果园改造

根据土地实际情况，针对性地编制了《复兴村标准化果园示范基地改土技术规程》，主要包括：整形破界、清杂清表，放线、设置苗木栽植主控点，挖水沟，全园挖定植壕沟，土壤整形，预留道路（机耕道、管理道）路基，预留沉沙凼毛坯等工程。全程指导复兴村 100 亩（1 亩≈667 m²）特色果树基地（早红桃、酥梨、绿心猕猴桃）建设；引进欧洲月季建立林下花卉基地 10 亩，培育苗木 25 万株；在道路旁，栽植园艺景观小品绿化植物 600 余米，提高了基地的观赏效应，提升了果园的附加种植价值；并对参与复兴村的果园土地整理和土壤改良等工程的人员进行了技术培训，如图 8-2 所示。

果园建设前　　　　　　　　　　　　　果园建设后

图 8-2　标准果园改造

3. 开展智慧稻田示范基地建设

根据生态气候条件和水源条件，出资对生产生活用的山泉水进行检测，提出了发展"优质、健康"稻米产业。通过试种水稻新品种，筛选出了适合示范基地的优良水稻品种，优化水稻新品种结构，探索形成有机稻米产业区。扩大"稻田＋生态链种植"示范基地 300 余亩，配套养殖泥鳅、青蛙、鳝鱼、小龙虾、蟹、甲鱼等，使其形成一个个相对独立的生态种养循环系统，打造了农业生态圈，如图 8-3 所示。

水稻基地建设前   水稻基地建设后

图 8-3 智慧稻田示范基地建设

4.指导品牌建设

指导建成了集稻谷烘干、自动装包、恒温冷冻储藏、一体化加工色选包装于一体的有机大米加工厂，新建了大米加工厂房 500 m²，配套稻谷烘干机、恒温仓、加工线等设备，注册"龙洞米"等商标，并协助包装策划推广，如图 8-4 所示。

图 8-4　品牌建设

第二节　平台服务

一、对接先进适用技术成果

重庆地处盆地，多雨，空气湿度大，地势起伏，土壤肥沃，是农业发展的关键地区之一。同时是我国经济发展的重要地区，作为直辖市，国家给予经济和政策等各方面的侧重，科技、旅游等方面位居全国前列。依托重庆先进适用技术，将拥有地理优势的农业发展和科技相结合，把自身优势放大，激发农业发展潜能，使其发挥最大效用。先进技术成果的运用满足了农业生产经营者的技术需求，促进乡村产业振兴。

在基层农技人员能力提升培训中，采取理论学习与现场观摩相结合的方式，立足地方特色资源、新型农业经营、市场化运作机制等领域，全面提升基层农技人员业务素质和服务能力，推动农业信息化、现代化。平台使得农业先进技术共享成为现实，为农户提供技术支持和借鉴，帮助农业生产可持续化，符合新时代下的绿色、开放、共享等新发展理念，将自然农业发展的优势与人文科技发展的优势合二为一，形成"1+1＞2"的作用，不单是人类尊重自然的表现，更是人类有觉悟与自然和谐相处的体现。

二、享受专家在线服务

平台的建成使得农户与专家沟通更为便利，通过信息技术，专家能够在线服务与培训，为农户提供技术支持，及时解决疑难问题，为农业发展提供更多保障。农户大多依靠自身经验进行作物的种植培育，在应对突发状况时相对受限，采取措施相对缺乏科学的指导。通过平台，农户可以及时和专家进行沟通，将所遇到的问题和状况与专家进行描述解释；专家通过自身理论知识与技能，分析农户所遇问题，加之实地观察等，探索出问题的本质，帮助农户寻找问题的源头，探清问题的发展由来，针对不同的问题，对症下药，提供相对科学的解决方案，帮助农户厘清思路，最终解决问题。

同时，专家在平台上可以传授自身的实践经验或是理论成果，为农户学习作物生产方法和经验提供信息来源，帮助农户提升自身的农业相关知识储备和文化素养水平，在思想层面帮助农户形成更科学的思维方式，在解决问题中能够有一个相对完整合理的模式。通过专家的服务与培训，农户自身也可以学习理论完善自身知识，在往后进行农业生产活动的过程中也能够依靠自身的知识和力量来应对突发状况，有效降低损耗与成本，推动整个行业的更高效发展。以点带面，从局部向前到整体向前，帮助农户这一个群体能够更有积极性地参与到农业当中，为农业发展提供更加优质的新鲜血液，使得整个农业行业更加稳定发展，为国家提供一个更加坚实的后盾。

三、搭建深度关联可视化应用场景，实现线上线下服务

农业生产发展与众多因素息息相关，通过科技力量合理模拟，实现线上线下共同配合进行，深层建立各场景的关系，探究不同场景中的环境因素，发掘内在关联。在温室大棚中安装温湿度传感器以及二氧化碳传感器等，实时监测大棚中的各项环境数据，上传至线上平台，农户通过查看各项数据实时监控大棚内的状况，适时调整相应的环境因素，为作物生长提供一个更加适宜的生长环境，为作物生长的各项数据需求提供一个相对平衡的波动范围，为预判作物生长问题提供数据参考，智能化种植作物与发展农业生产。

平台应用的最大优势便是可视化。通过可视化的技术应用（如VR 技术），呈现农田的不同类型，在虚拟的空间设立技术和模拟来映射现实情况，借用科学技术将实际数据调整运用至虚拟的环境当中，通过细微的数据调控，有效展现不同类型农田的变化状况，提前预测在不同极端恶劣环境下作物生产的情况。更有利于应对未知的自然或人为因素的挑战，同时借以科技手段来调整不同生长环境

中的各项因素，对应推测出作物的生长状况；模拟因虚拟因素变化造成的不同影响，帮助农户探索出适宜不同农地的最优生长环境，寻找最优的环境因素设置，减少现实的实验成本，提高生产效率，推动农业的智能化、信息化发展。

第三节　应用成效

一、改善了农村落后的信息技术基础条件

着眼于补齐农业农村生产信息化的短板，针对重庆广大农村地区实际，筛选出可推广复制的农业信息化技术，通过布设农业生产视频监控及环境感知设备，改变示范基地落后的信息技术面貌。

二、支撑了重庆农村智慧农业应用需求

针对重庆农村农业发展需求，在数据规范与共享架构下，开展应用技术研发。研建了智能水产养殖物联网系统、大田种植物联网系统和农业智能管理信息系统等应用平台，开发了基于规程控制的生产管理与溯源系统，推进了设施农业信息技术深化应用，有助于引导重庆农村地区信息技术普及应用等。

三、促进了重庆山地特色农业转型升级

构建了产业链云服务集成应用模式，在关键技术研发的基础上，集成研发了产业链信息服务系统，创新构建了1套数据标准共享体

系、5 个典型应用、1 个集成平台的（1+5+1）集成应用架构，应用于服务水稻、水果、乡村旅游等产业，改变了智慧农业在山地条件下集成应用度低的现状，成效显著。

四、提高了当地农民对信息化认知水平

现阶段，重庆大多深度贫困乡镇人口聚集自然村均已实现宽带和 4G 网络全覆盖，奠定了乡村振兴坚实的网络基础，全面推动农村涉农信息化应用将成为农村发展的必然。目前，重庆大多农村地区，当地农民还没有意识到信息化将给他们的生产生活带来怎样的影响，还不懂如何利用信息技术为自己的增产增收服务。因此，还需积极探索提高农业从业人员的技能水平的途径，培育一批以村级干部为代表的"新型农民"，进一步提高当地村民对农业信息化的认知水平。

第四节　取得突破

一、打造了鲁渝科技协作的新业态新模式

以"科技赋能，协作发展"为抓手，以数据服务为驱动，融入农业、农村发展进程中，面向不同领域，建设覆盖智慧种植、农情监测、农产品质量安全、农产品市场监测、农民培训、乡村振兴等领域应用，实现科技数据协同创新的深化应用，全面提升数字化、智慧化水平。精准配套相关的技术服务和产业服务，实施人才培养培

训，帮助打造农产品品牌，助推社会建设和重点产业发展，巩固提升脱贫成果和乡村振兴，促进鲁渝双向互通、共建共享、协同驱动发展。

二、构建了鲁渝科技联合研发中心的协作机制

遵循"重庆所需、山东所能"的建设原则，坚持"动态、开放、融合、多元、持续"的运作机制，充分发挥鲁渝两地协同创新机制的作用，面向鲁渝科技扶贫协作需求，开展智慧农业和数字农业关键技术联合攻关，实现协同创新各方"无缝对接"，优势互补，资源共享，互惠互利，协同发展，形成鲁渝科技协同创新的特色平台和人才交流的重要基地。强化鲁渝两地在研发平台建设、核心技术攻关、科技成果转化、优质资源共享共用、人才交流合作5个方面的长效开放合作机制。

三、推广了一批鲁渝科技成果为乡村振兴赋能

围绕鲁渝科技数据共建共享，通过搭建的协同创新服务平台介绍推送鲁渝科技协作的最新技术成果。"鲁渝科技联合研发中心"汇聚了鲁渝项目所取得的科技成果、两省市农业科学院的农业信息、农业遥感、农业传媒等科技资源，具备关键技术联合攻关、科技成果协同转化、优质资源共享共建和人才合作交流等功能。同时，通过线上直播、线下指导、作报告等形式，开展鲁渝科技协作、山地中蜂良种培育与生态养殖、高山蔬菜种植关键技术等方面的培训，为双方科技人员、企业家、广大农民朋友搭建了合作的桥梁，为鲁渝两省市的产业发展实现科技赋能。

参考文献

杜娟娟，魏秋娟，武月莲，等，2024.基于物联网的智慧农业数据采集与管理系统设计 [J].现代农业装备，45（3）：50-53.

范可昕，鲜国建，赵瑞雪，等，2024.面向农作物种质资源智能化管控与应用的本体构建 [J].农业图书情报学报，36（3）：92-107.

范守城，袁术平，杨艳，等，2022.鲁渝科技扶贫协作机制与模式创新研究 [J].南方农业，16（5）：125-129.

付渊，任瑞仙，王丽琴，2024.基于农业物联网的梯田农业生产环境构建与应用 [J].物联网技术，14（7）：133-135.

管博伦，张立平，朱静波，等，2023.农业病虫害图像数据集构建关键问题及评价方法综述 [J].智慧农业（中英文），5（3）：17-34.

郭桂资，杨兴龙，李颖，2024.农业绿色技术研究进展、热点与展望——基于 CiteSpace 知识图谱分析 [J].中国农机化学报，45（7）：323-330.

何靖波，李权，蒲昌权，2022.重庆农业产业数字化转型发展现状问题及对策 [J].南方农业，16（7）：236-241.

何勇，李禧尧，杨国峰，等，2022.室内高通量种质资源表型平台研究进展与展望 [J].农业工程学报，38（17）：127-141.

侯琛，牛培宇，2024.农业知识图谱技术研究现状与展望 [J].农业机械学报，55（6）：1-17.

侯瑛男，郝宏堡，沈洋，等，2024.基于智能感知技术的海量农业多源传感数据采集与分析研究 [J].现代化农业（6）：85-87.

胡健，2024.基于正则化回归的物联网海量多源异构数据处理方法 [J].物联网技术，14（7）：93-95.

金宁，赵春江，吴华瑞，等，2022.基于多语义特征的农业短文本匹配技术 [J].农业机械学报，53（5）：325-333.

兰彩耘，夏江宏，2023.重庆江津国家农业科技园区发展现状及对策浅析 [J].南方农业，17（1）：194-197.

李玲莉，周利，何永鈇，等，2022.基于 TRU 系统对南山植物园川山茶根系空间分布规律的研究 [J].湖北农业科学，61（1）：122-125.

练金栋，陈志，岳文静，等，2023.面向多源异构数据库的 SQL 解析与转换方法研究 [J].软件导刊，22（12）：124-131.

梁慧玲，刘慧，刘力维，等，2023.基于分位数因子模型的高维时间序列因果关系分析 [J].南京大学学报（自然科学），59（4）：550-560.

梁万杰，冯辉，江东，等，2023.高光谱图像结合深度学习的油菜菌核病早期识别 [J].光谱学与光谱分析，43（7）：2220-2225.

刘慧，李珊珊，高珊珊，等，2023.预训练模型特征提取的双对抗磁共振图像融合网络研究 [J].软件学报，34（5）：2134-2151.

刘羽飞，何勇，刘飞，等，2023.农业传感器技术在我国的应用和市场：现状与未来展望 [J].浙江大学学报（农业与生命科学版），49（3）：293-304.

鲁全，2024.数字技术赋能乡村全面振兴的作用机制探析——基于对重庆市 Y 县的调研 [J].国家治理（8）：47-51.

马红梅，金碧君，罗陶，等，2023.中国式现代化背景下西南山区数字农业发展研究 [J].中国工程科学，25（4）：50-58.

马先才，唐嘉，2024.重庆市生态农场发展技术路径及对策建议 [J].农业与技术，44（12）：104-106.

穆维松，刘天琪，苗子溦，等，2023.知识图谱技术及其在农业领域应用研究进展 [J].农业工程学报，39（16）：1-12.

穆元杰，赵庆柱，尚明华，等，2021.基于时光双控的温室卷帘智能控制器设计 [J].安徽农业科学，49（22）：209-212，216.

聂鹏程，钱程，覃锐苗，等，2023.天空地一体化信息感知与融合技术发展现状与趋势 [J].智能化农业装备学报（中英文），4（2）：1-11.

聂鹏程，张慧，耿洪良，等，2021.农业物联网技术现状与发展趋势 [J].浙江大学学报（农业与生命科学版），47（2）：135-146.

齐康康，赵佳，王利民，等，2023.山东省智能农机装备重大关键技术创新战略研究 [J].中国农学通报，39（5）：1-5.

任妮，罗瑞，花梦婷，等，2023.基于内外共生理论的农业精准信息服务框架构建研究 [J].江苏农业科学，51（7）：174-181.

谭彬，蔡健荣，许骞，等，2024.基于注意力机制改进卷积神经网络的柑橘病虫害识别 [J].江苏农业科学，52（8）：176-182.

谭明交，2024.武陵山区柑橘产业资源禀赋及区域比较优势分析 [J].中国果树（7）：113-122.

唐家举，2024.丘陵山区柑橘生产机械化种植技术研究——以重庆市开州区为例 [J].南方农机，55（9）：67-69.

唐新苗，钟慧，刘杰，等，2023.基于农业信息化技术的设施茄子高产栽培要点探讨 [J].农业工程技术，43（9）：61-62.

王克晓，周蕊，黄祥，等，2023.油菜角果高光谱成熟指数构建 [J].江苏农业学报，39（3）：716-723.

王克晓，周蕊，李波，等，2021.基于高光谱的油菜叶片 SPAD 值估测模型比较 [J].福建农业学报，36（11）：1272-1279.

王婷，王娜，崔运鹏，等，2023.基于人工智能大模型技术的果蔬农技知识智能问答系统 [J/OL].智慧农业（中英文），5（4）：105-116.

王元胜，吴华瑞，赵春江，2024.农业知识驱动服务技术革新综述与前沿 [J].农业工程学报，40（7）：1-16.

邬粒，邹黎敏，周科，2023.基于机器学习的重庆市粮食产量预测及影响因素分析 [J].中国农机化学报，44（10）：185-193.

吴文斌，史云，周清波，等，2019.天空地数字农业管理系统框架设计与

构建建议 [J]. 智慧农业，1（2）：64-72.

徐瑞丽，孙银生，2014. 温室大棚集中供暖自动监控系统设计与实现 [J]. 江苏农业科学，42（6）：389-392.

杨硕，李书琴，2023. 多模态知识图谱增强葡萄种植问答对的答案选择模型 [J]. 农业工程学报，39（14）：207-214.

于京湖，2024. 物联网在设施农业中的应用情况 [J]. 农业工程技术，44（15）：100-101.

于晓，刘慧，吴彦，等，2021. 基于本质自表示的多视角子空间聚类 [J]. 中国科学：信息科学，51（10）：1625-1639.

虞豹，周蕊，李波，等，2022. 基于 3D 卷积的高光谱玉米地块识别模型设计与实现 [J]. 南方农业，16（21）：103-106，114.

查茜，王茜，詹火木，等，2022. 数字农业助推重庆市农业高质量发展的现状、难点及对策 [J]. 南方农业，16（13）：21-25.

张领先，韩梦瑶，丁俊琦，等，2023. 作物病害智能诊断与处方推荐技术研究进展 [J]. 农业机械学报，54（6）：1-18.

张萍萍，2022. 山东省农业信息化对农业经济的影响分析 [J]. 农业开发与装备（4）：37-39.

张中兴，刘慧，郭强，等，2021. 结合非局部低秩先验的图像超分辨重建概率模型 [J]. 计算机辅助设计与图形学学报，33（1）：142-152.

赵春江，2019. 智慧农业发展现状及战略目标研究 [J]. 智慧农业，1（1）：1-7.

赵春江，2023. 农业知识智能服务技术综述 [J]. 智慧农业（中英文），5（2）：126-148.

赵佳，阮怀军，封文杰，2020. 大数据在山东马铃薯全产业的应用及建设探索 [J]. 农业大数据学报，2（1）：29-35.

赵瑞雪，杨晨雪，郑建华，等，2022. 农业智能知识服务研究现状及展望 [J]. 智慧农业（中英文），4（4）：105-125.

郑宇达，陈仁凡，杨长才，等，2024.基于改进 YOLOv5s 模型的柑橘病虫害识别方法 [J].华中农业大学学报，43（2）：134-143.

周玲莉，任妮，张文翔，等，2021.应用于农业场景视觉解析任务的番茄数据集 [J].农业大数据学报，3（4）：70-76.

朱文杰，孟鑫，李根，等，2024.水稻病虫害目标检测技术研究进展 [J].农业工程，14（6）：39-46.

朱艳，杨贵军，2020.专题导读——农业遥感与表型获取分析 [J].智慧农业（中英文），2（1）：6.

DIVÁN M J, SÁNCHEZ-REYNOSO M L, 2021. Strategies based on IoT for supporting the decision-making in agriculture: a systematic literature mapping[J]. International Journal of Reasoning-based Intelligent Systems, 13(3): 155 171.

GENG G, XIAO Q, LIU S, et al., 2021. Tracking air pollution in China: near real-time PM2. 5 retrievals from multisource data fusion[J]. Environmental Science & Technology, 55(17): 12106-12115.

JAMIL F, IBRAHIM M, ULLAH I, et al., 2021. Optimal smart contract for autonomous greenhouse environment based on IoT blockchain network in agriculture[J]. Computers and Electronics in Agriculture, 192(5): DOI: 10.1016/j. compag. 2021. 106573.

KHAN F A, IBRAHIM A A, ZEKI A M, 2020. Environmental monitoring and disease detection of plants in smart greenhouse using internet of things[J]. Journal of Physics Communications, 4(5): DOI: 10.1088/2399-6528/ab90c1.

KURNIAWAN D, WITANTI A, 2021. Prototype of control and monitor system with fuzzy logic method for smart greenhouse[J]. Indonesian Journal of Information Systems, 3(2): 116-127.

LIU Y, LI D, WAN S, et al., 2022. A long short-term memory-based model for greenhouse climate prediction[J]. International Journal of Intelligent Systems,

37(1): 135−151.

LYTOS A, LAGKAS T, SARIGIANNIDIS P, et al., 2020. Towards smart farming: Systems, frameworks and exploitation of multiple sources[J]. Computer Networks, 172: DOI: 10.1016/j. comnet. 2020. 107147.

MARAVEAS C, PIROMALIS D, ARVANITIS K G, et al., 2022. Applications of IoT for optimized greenhouse environment and resources management[J]. Computers and Electronics in Agriculture, 198: DOI: 10.1016/j. compag. 2022. 106993.

NIKNEJAD N, ISMAIL W, BAHARI M, et al., 2021. Mapping the research trends on blockchain technology in food and agriculture industry: A bibliometric analysis[J]. Environmental Technology & Innovation, 21: DOI: 10.1016/j. eti. 2020. 101272.

OUHAMI M, HAFIANE A, ES−SAADY Y, et al., 2021. Computer vision, IoT and data fusion for crop disease detection using machine learning: A survey and ongoing research[J]. Remote Sensing, 13(13): DOI: 10.3390/rs13132486.

SAIZ−RUBIO V, ROVIRA−MÁS F, 2020. From smart farming towards agriculture 5.0: A review on crop data management[J]. Agronomy, 10(2): 207.

TRIPATHY P K, TRIPATHY A K, AGARWAL A, et al., 2021. MyGreen: An IoT−enabled smart greenhouse for sustainable agriculture[J]. IEEE Consumer Electronics Magazine, 10(4): 57−62.

YANG Y, DING S, LIU Y, et al., 2022. Fast wireless sensor for anomaly detection based on data stream in an edge−computing−enabled smart greenhouse[J]. Digital Communications and Networks, 8(4): 498−507.